基于原子相干和局域模式增强的光场调控

程林 著

吉林大学出版社

·长春·

图书在版编目(CIP)数据

基于原子相干和局域模式增强的光场调控 / 程林著.
—长春：吉林大学出版社，2024.11 — ISBN 978-7-5768-4583-9

Ⅰ.O431.2

中国国家版本馆CIP数据核字第2025YZ1791号

书　　名：**基于原子相干和局域模式增强的光场调控**
　　　　　JIYU YUANZI XIANGGAN HE JUYU MOSHI ZENGQIANG DE GUANGCHANG TIAOKONG

作　　者：程　林
策划编辑：黄国彬
责任编辑：陈　曦
责任校对：单海霞
装帧设计：卓　群
出版发行：吉林大学出版社
社　　址：长春市人民大街4059号
邮政编码：130021
发行电话：0431－89580036/58
网　　址：http：//www.jlup.com.cn
电子邮箱：jldxcbs@sina.com
印　　刷：天津鑫恒彩印刷有限公司
开　　本：787mm×1092mm　1/16
印　　张：7.75
字　　数：160千字
版　　次：2025年3月　第1版
印　　次：2025年3月　第1次
书　　号：ISBN 978-7-5768-4583-9
定　　价：48.00元

版权所有　翻印必究

前　言

小型化、高度集成是现代光学、光电器件的重要特征。如何利用已有材料在小尺度下实现有效的光场调控，对于加速新型光学、光电器件的实际应用具有重要意义。非线性光学和微纳光子学是重要的光学分支，深入研究不同材料和结构系统中的相关机理，是丰富光场调控手段的必要基础。原子具有较强的非线性光学响应，是研究光与物质相互作用的理想平台。利用原子相干调控，可以产生不同的光学现象，如电磁感应透明（electromagnetically induced transparency，EIT）效应、四波混频（Four-wave mixing，FWM）过程、六波混频过程、荧光辐射以及量子纠缠态等。另外，基于不同的电磁模式，如表面等离激元、Mie模式等，通过设计材料结构的几何尺寸、形状等，可以将电磁场能量局域在亚波长尺度，并控制电磁场的基本特性（如振幅、相位、偏振、动量等），从而调制电磁场的近场和远场特征。随着微纳加工技术的不断进步，制备更为精细复杂的结构已成为可能，为实现多维度的光场调控提供了材料基础，在传感、成像、光学天线、信息加密、光开关、光通信等领域已取得了重要进展。

本书的主要创新和成果如下：

（1）本书实验研究了高斯光束通过铷原子系统时，由于原子类EIT效应引起的非线性空间自相位或交叉相位，输出波前呈现出环形衍射图样，且衍射图样可通过改变实验参数（如功率、频率失谐、入射光的偏振态以及原子温度）进行调控。特别是，产生衍射环所需的输入强度可低至 $500\ \text{W}/\text{m}^2$。

（2）本书实验研究了在铷原子系统EIT窗口的FWM。高阶拉盖尔光束作为探测光，其径向和角向信息可传向缀饰四波。在此过程中，缀饰 Kerr 非线性色散将引起输出四波的空间劈裂。实验发现，光斑劈裂个数可通过频率失谐和缀饰场功率调控。此现象在实现多通道光开关方面具有应用价值。

(3) 本书实验研究了倒 Y 形四能级原子系统中两个不同方向 FWM 过程的缀饰作用。产生的两个 FWM 在不同的 EIT 窗口里。由于两个 FWM 的慢速匹配，两束四波的能量存在竞争关系并发生能量交换，即，经过一段距离的传输，前向四波将能量传递给后向四波。该结果在研究高阶非线性光学过程、产生关联光子和量子信息过程中具有重要的物理意义。

(4) 本书在理论上实现了一种基于铝纳米孔阵列的反射式结构色调控。通过结构优化，将表面等离激元的共振线宽压缩至 17 nm；利用表面等离激元共振的偏振依赖性，通过控制起偏器和检偏器的相对取向，实现结构色在白色（可见光波段高反射率）和鲜艳颜色（窄带反射峰）间的任意切换。该结果在实现白光照明下的信息隐藏方面具有潜在应用价值。进一步，基于窄线宽所产生的高饱和度颜色，通过调整结构几何参数和激发条件，在特定折射率范围内实现优质因数（figure of merit，FOM，定义为色调变化与折射率变化之比）的颜色传感。结果显示，折射率变化范围在 1.33~1.49 时，FOM 为 512°/RIU，远高于基于局域表面等离激元的颜色传感性能。当折射率变化范围缩小至 1.33~1.39（水、酒精等溶液）时，FOM 值可高达 1 175°/RIU。该方法为实现信息隐藏、防伪和颜色传感提供了一种新方案。

(5) 本书在理论上提出了一种基于具有强 Kerr 效应的近零介电常数（epsilon near zero，ENZ）材料的可调谐非线性光学纳米天线。通过改变入射光强度，可以动态控制天线的吸收截面和散射截面，实现从超散射到超吸收的转变通过 ENZ 材料与高折射率材料的杂化，破坏结构空间对称性，实现了非对称的远场辐射调控；通过改变入射光强度，实现了非定向天线辐射与定向辐射的可控切换；利用基于 Mie 理论的模式分解方法，从原理上对上述动态辐射调控现象进行了深入探讨。该研究展示了一种基于近零介电常数材料的可调超快光束辐射方向的新型方法。

程 林

2024. 10

目录

第1章 导论 …… (1)

1.1 光场调控 …… (1)
1.2 非线性效应 …… (2)
1.2.1 原子气体里的非线性效应 …… (2)
1.2.2 光与金属光栅相互作用 …… (4)
1.2.3 光与介质微纳结构相互作用 …… (5)
1.3 本书研究内容 …… (6)

第2章 基础理论和研究方法 …… (9)

2.1 碱金属原子中的基础理论 …… (9)
2.1.1 碱金属原子 …… (9)
2.1.2 电磁诱导透明 …… (11)
2.1.3 光学 Kerr 效应 …… (14)
2.1.4 四波混频 …… (15)
2.1.5 涡旋光介绍 …… (16)
2.2 局域电磁模式 …… (17)
2.2.1 表面等离激元 …… (17)
2.2.2 Mie 理论 …… (21)

2.2.3　多极子分解 …………………………………………… (24)
　　2.2.4　Kerker 效应 …………………………………………… (26)
　　2.2.5　时域有限差分方法介绍 ……………………………… (27)

第 3 章　低强度下自相位和交叉相位对环形光场的调制 ………… (29)
　3.1　基础理论 …………………………………………………… (30)
　3.2　实验装置 …………………………………………………… (31)
　3.3　实验结果与分析 …………………………………………… (32)
　　3.3.1　强度 ……………………………………………………… (32)
　　3.3.2　失谐 ……………………………………………………… (33)
　　3.3.3　温度 ……………………………………………………… (34)
　　3.3.4　偏振 ……………………………………………………… (35)
　3.4　本章小结 …………………………………………………… (36)

第 4 章　缀饰光四波混频对高阶拉盖高斯光的调制 ……………… (37)
　4.1　基础理论 …………………………………………………… (37)
　4.2　实验装置和能级图 ………………………………………… (38)
　4.3　实验结论和分析 …………………………………………… (40)
　4.4　本章小结 …………………………………………………… (45)

第 5 章　原子相干中前向和后向四波混频能量的竞争和转移 …… (46)
　5.1　实验装置 …………………………………………………… (46)
　5.2　基础理论 …………………………………………………… (47)
　5.3　实验结果和分析 …………………………………………… (51)
　　5.3.1　缀饰效应 ………………………………………………… (52)
　　5.3.2　能量转移 ………………………………………………… (54)
　5.4　本章小结 …………………………………………………… (57)

目 录

第6章 基于表面等离激元的结构色显示和颜色传感 ……………… (58)

  6.1 结构色显示背景 …………………………………………… (58)

    6.1.1 结构设计 ………………………………………………… (59)

    6.1.2 结果与分析 ……………………………………………… (61)

  6.2 颜色传感 …………………………………………………… (66)

    6.2.1 颜色空间转换 …………………………………………… (67)

    6.2.2 结果与分析 ……………………………………………… (68)

  6.3 本章小结 …………………………………………………… (73)

第7章 基于零介电常数材料的可调谐非线性天线研究 …………… (75)

  7.1 非线性光学天线基础 ……………………………………… (75)

  7.2 基于ENZ材料的非线性天线的光学响应 ………………… (76)

  7.3 非线性天线中的超吸收和超散射 ………………………… (80)

  7.4 杂化非线性天线(ITO和Si)的光学响应 ………………… (82)

  7.5 非互易性的杂化天线 ……………………………………… (85)

  7.6 本章小结 …………………………………………………… (87)

第8章 本书总结 ……………………………………………………… (89)

参考文献 ……………………………………………………………… (91)

附 录 ………………………………………………………………… (110)

  附录A 一束光控制另一束光的衍射环的变化 …………………… (110)

  附录B 铝纳米孔阵列的偏振依赖的结构色显示 ………………… (110)

  附录C 非线性可调谐天线的参数和代码 ………………………… (113)

    C.1 氧化铟锡的参数 ………………………………………… (113)

    C.2 ITO的折射率分布图 …………………………………… (113)

第1章 导 论

1.1 光场调控

光子学主要研究光与物质相互作用和它作为信息载体的承载能力。以此为基础的光电子器件具有信息传输能力强、速度快等特点，被广泛应用于光通信、传感成像、数据存储、生物医学、量子计算等方面。

为了更好地利用光场的特性，需要对其进行适当调控。一般来讲，调控方式有两种。一种是利用材料自身的光学性质，如非线性光学效应，实现对光的调控。很多材料都具有光学非线性，例如液晶[1]、原子气体[2]、半导体材料[3]和其他晶体材料[4]。非线性光学效应形式多样，可用于产生谐波、相位共轭、光孤子、光学双稳、拉曼散射、布里渊散射和多波混频等[5-7]，在许多应用中都起着重要的作用，例如光学信息处理、光开关、慢光效应、光拖拽效应、光存储等[8-11]。当激光穿过非线性光学材料时，激光的强场能够在介质中引起明显的与强度相关的折射率变化。然后，介质反作用在入射光上产生相位变化，由此产生自相位或者交叉相位调制，引起激光强度的重新分布，出现自聚焦、自散焦、衍射环图样、劈裂光斑等现象[12-13]。其中激光呈现衍射环图样，在捕获原子、激光书写和激光钻孔中具有潜在应用价值[12-13]。自 1967 年首次报道以来[14]，远场衍射环引起了科学工作者的广泛关注。类似的现象已经在很多材料中观察到，包括液晶材料[1]、半导体[3]、含碳材料[15]等。在上述材料中，影响衍射环图案的是材料的非线性折射率。当材料具有较高的非线性折射率时，衍射环的尺寸和数量可以随入射光强的变化发生相应变化。在非线性光学材料中，原子气体的物理模型较为理想，其原因是原子具有相干时间长、各向同性、多参量可调控等特性[2,16]。因此，原子气体成为研究远场衍射环、光学 Kerr 效应、光学频率转换等物理机理的重要平台[7,12,17-20]。强非线性响应在其他非线性过程中也起到重要的作用，例如四波混频(FWM)。FWM 是产生新的光频率的重要机制，作为一种光谱测量方法具有很高的分辨率和灵敏度[7]。另一种光场调控方式是设计光学材料的几何特征(结构尺寸和形状)[21]，如传统透镜、棱镜等，利用光束传播过程的相位积累，改变光束波前。随着电磁模式研究的深入[22]，人们发现，通过激发特定的电磁模式，如表面等离激元[23]、Mie 模式[24-25]等，同样可以实现对光场的相位、振幅、偏振等特性的调控。这种人工设计的结构大都是亚波长尺寸，即单元结构尺寸一般都小于工作波长（微米，甚至纳米量级），也称为微纳结构。不同于天然材料，人工微纳结构具有更多的调控自由度，可实现光场与物质间的相互作用的有效调控，为获得新型非线性效应器件带来了新的机遇。此外，由亚波长结构组成的光场调控器件，具有小型化、高度集成等特点[26]，符合当前光电器件发展的趋势，在光信息、光学测量、成像、操控等领域具有广泛的应用前景[27]，并为实现新型光场调控提供了更丰富灵活的手段。近年，微纳加工技术快速发展，例如电子束光刻[28]、聚焦离子束[29]、湿化学生长等[30]，不仅降低了微纳结构的加工成本，还提高了微纳结构的加工精度，为实现基于微纳结构的光场调控提供了物质基础。

1.2 非线性效应

1.2.1 原子气体里的非线性效应

原子气体的非线性响应强度一般比固体材料高若干个数量级，是研究非线性效应的理想平台[31]。激光与原子跃迁发生共振时，导致探测光和泵浦光两者之间的量子相干，产生非对称的吸收谱线，即，电磁感应透明(EIT)。通过这种方式可以消除共振跃迁频率处的吸收，产生很强的非线性极化率并伴随着强烈的色散变化。美国科学家 Harris 在锶中用强激光脉冲首次观察到 EIT 现象，并提出了 EIT 的概念[32]。Xiao 在 1995 年又使用消多普勒的方法在铷(Rb)原子中实现了 EIT[31]。实验中，形成 EIT 的两束光频率需要在原子的本征跃迁频率附近，其中一束耦合光用来调制介质吸收系数和折射率，这些现象通过另一束探测光可以看到。[备注：在一些文献中，探测场（probe field）也叫信号场（signal field），耦合场（coupling field）也叫泵浦场（pumping field）]目前很多科研工作集中在 EIT 的色散特性[33]、匹配脉冲产生[34]、缀饰态[35]等方面。EIT 在三能级系统、四能级系统中均可产生。本书主要研究三能级系统中的 EIT。根据入射光与常见三能级原子系统的耦合方式的不同，可以分为三种类型、Λ 形、V 形、Ladder 形，对应的能级结构分别为如图 1-1 (a)～(c)所示。

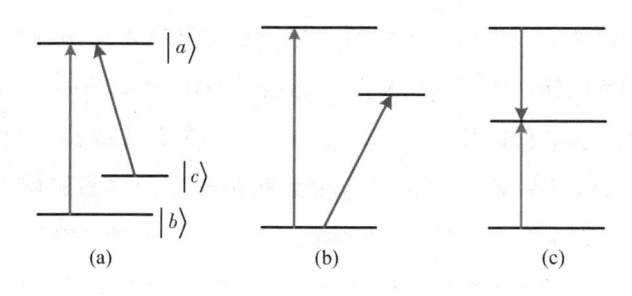

图 1-1　三种 EIT 类型

(a)Λ 形，(b)V 形，(c)Ladder 形

通过 EIT 效应已经实现了慢光效应和光存储，为量子光学和信息科学提供了很好的物理平台[2,16,33,36]。这些效应都与材料的折射率有关。其中，光学 Kerr 效应描述折射率随光强的变化，$n=n_0+n_2 I$，这里 n 为折射率，n_0 为材料的线性折射率，n_2 为非线性折射率系数，I 为光强。光在变化的折射率介质中的传播速度及相位也发生变化。该过程可用于实现光束的自相位调制 (self-phase modulation，SPM)[37-38]和交叉相位调制（cross-phase modulation，XPM）[39]。SPM 和 XPM 的相位变化可以通过所研究的光场和其他作用光场的强度来控制。尽管 n_2 通常非常小，但可以通过 EIT 效应得到有效的增强，产生很大的光学非线性[7,39]。

1996 年 Essiambre 提出四能级系统中 EIT 过程产生的 XPM，引起研究人员的广泛关注[39]。随后很多研究提出了提高 XPM 和 SPM 效率的方法[41-42]。2012 年，Sang 观察到 EIT 过程信号场的强度为 1.8 mW/cm²，基于 EIT 过程产生 XPM 的非线性相移是 0.16 rad[40]。基于 N—型四能级系统的 EIT，信号

光强度为 $3\mu W/cm^2$ 时，产生 0.02 rad 的相位移动。迄今为止，基于 EIT 的 SPM 和 XPM 仍然是实现的量子科学和技术的最好方式之一[41-42]。研究相位调制对于光学量子计算和全光开关是极其重要的。携带轨道角动量（orbital angular momentum，OAM）的涡旋光束的相位结构是螺旋分布[43]。过去三十年，研究报道了关于涡旋光束的生成，并表征和应用在各种实验中[43]。环形衍射模式的涡旋光作为一个典型的例子在光开关、光限幅[44-45]、光俘获方面有潜在的应用[46-47]。通过以上分析可知相位调制的重要性，因此如何在更低的光强度下充分利用 SPM 和 XPM 产生涡旋光是一个重要的研究课题。

EIT 表现出的非线性增强不仅可以用于相位调制产生涡旋光，还有助于提高非线性频率的转换效率。特别是三能级或四能级系统中的 FWM。FWM 是两个或三个波长之间的相互作用产生两个或一个新的波长。产生 FWM 的过程对相位敏感，FWM 产生的效率受到相位匹配的强烈影响。迄今为止，FWM 的实验研究主要集中在原子气体或者固体中。在过去的几十年中，科研工作者广泛研究了原子系统中实现相位匹配条件，产生超慢群速的 FWM[7]。例如，Harris 和他的同事使用 EIT[31,48]抑制短波长光的吸收来产生 FWM 的方案。基于 EIT 的超慢群速度，可以明显地增强产生的 FWM[49-50]。后来，有研究提出基于 EIT 对两个光子和三个光子吸收可产生一种高效率 FWM 方案[51]。另外，Cheng 等通过实验证明可借助双 EIT 产生 FWM[52]。FWM 在光学相位共轭、参量放大、连续谱产生、真空紫外光产生以及基于微谐振器的频率梳产生中均有应用。与使用二阶非线性的大多数典型参量振荡器不同，基于 FWM 的参量放大器和振荡器使用的是三阶非线性。除了这些经典的应用之外，FWM 在量子光学领域可用于产生单光子、相关光子对、压缩光[53]和纠缠光子。

1.2.2 光与金属光栅相互作用

表面等离激元（surface plasmons polaritons，SPPs）是自由电子在金属/介质界面处发生集体振荡的行为。由于 SPPs 的动量大于自由空间光的动量，因此需要借助特殊手段，才能实现动量匹配，如棱镜耦合和光栅耦合。前者基于倏逝波实现动量匹配，后者则利用光栅衍射进行动量补偿。其中，棱镜体积过大，不利于器件的小型化。相对而言，光栅耦合具有更小的体积和更多的操控自由度,如周期大小、单元结构的具体特征、入射光的极化方式等。通过激发表面等离激元,改变结构的吸收、反射或者透射响应,已经实现多种功能,例如滤波片、谱线分析和结构色显示等。

通过设计纳米结构的几何形状和改善材料质量,例如粗糙度和晶界,实现对光场的灵活调控。现有基于等离激元模式的结构色显示方法在小型化和灵活性方面显示出优越的性能。当表面等离激元共振位于可见光波段,由于共振导致的特定波段吸收或反射,表面等离激元结构将显示出不同的颜色。基于此原理,人们提出了大量的结构来产生鲜艳的颜色,如分立的纳米颗粒[54-55]、金属/绝缘体/金属谐振器[27]、周期阵列[56-62]。这些产生的颜色既可以来自局域型表面等离激元共振模式,也可以来自传输型表面等离激元共振模式。原则上,通过谐振模式的带宽来确定单色性。通常情况下,与局域共振模式相比,传输模式辐射衰减速率较小,导致其谐振带宽较窄,更易于产生鲜艳的色彩。利用传输模式呈现出单色性和亮度较好的结构色具有实际应用价值。例如,结构色显示可以用于颜色传感,在不需要额外的光电器件的情况下,也可以直接、定性地指示目标的存在[63]。特别是当分析物的量很少时,溶剂的折射率变化很小,由此产生的颜色变化将很难被观察到。针对特定的水溶液设计一种性能优越的颜色传感,将在快速鉴别水溶液中分析物方面有很大的应用前景[64]。

除此以外,动态颜色的灵活性受到越来越多的青睐。目前很多方法研究纳米结构的可调性,如液晶[65-67]、相变材料(材料相位在金属和介电材料可逆转换)[68-71]和材料的氢化/脱氢过程[72-74]。最近,一种使用卤化铅钙钛矿纳米结构的全光可重写彩色显示器通过辐射光和结构色不同比例混合进行了动态的颜色呈现。然而,现有的动态色彩控制要么反应慢,要么制造工艺复杂[21,26,75]。

1.2.3 光与介质微纳结构相互作用

结合前两个部分的内容,进一步引入介电材料谐振和非线性,有望引入更多的光场调控方式。多年来,科研工作者们已经探索了几种方法来增强材料的固有非线性光学响应,包括复合结构、超表面的场增强。除此以外,具有较低损耗的介质材料,如硅、砷化镓(GaAs)、零介电常数材料(ENZ)逐渐成为非线性研究的热点[76-77]。相比于金属材料[78]，介质材料具有更小的欧姆损耗，有利于更高效的光场调控。特别是，ENZ材料因其异常的电磁特性和光学特性在非线性光学和光学吸收、电光调制等领域具有广泛的应用前景[79-80]。2016年，Boyd团队提出了一种零介电常数材料氧化铟锡(indium tin oxide，ITO)可以获得高于其他材料百倍以上的三阶光学非线性。该材料在光子通过后可以迅速恢复(360 fs)到最初的折射率[81]。在无特殊腔体和结构下，ENZ自身的介电常数的实部会在特定波长处消失，可实现大的非线性响应[81-82]。例如，当介电常数$\Delta\varepsilon$发生变化时，折射率变化为$\Delta n=\Delta\varepsilon/2\varepsilon$，可见介电常数很小时，折射率会发生很大变化，即，在介电常数近零处拥有较强的非线性效应。目前，ENZ材料ITO中，折射率变化值Δn可达0.72[81]，这比很多非线性的硫族化物玻璃($\Delta n \gg 10^{-6}$)高五个数量级[83-85]。零介电常数材料的波长可以根据实际应用任意选择[86-89]。通过灵活高效地操控其纳米结构，调谐电磁响应，纳米颗粒可支持方向性辐射和远场控制。目前，ENZ已成为非线性纳米光子学研究的优异载体。这项研究有助于在新型的光学器件等有价值的领域发展ENZ材料的特色，如基于ENZ的多波混频、相位调制、互易性、散射光场调控等非线性效应。

1.3 本书研究内容

总体来讲，本书搭建了用于研究碱金属原子中的EIT效应和FWM效应的实验平台，研究光与原子气体相互作用产生的非线性光学效应；结合微纳光电器件的应用需求，通过数值计算和模拟，提出了具有新型结构和功能的微纳光学元件，提升了微纳结构器件的光学特性；在纳米尺度上对光子传输的机理展开研究，拓展了新型微纳光学元件的基本特性和信息功能，为实现光子器件提供了理论基础和技术支持。微纳光子器件的设计研究内容主要有：①利用Lumerical FDTD算法分析光与金属光栅微纳结构的共振效应对反射谱线的影响，开展优化设计，对其光学特性多角度分析，可使其应用于信息加密、颜色传感等领域。②以介电材料的谐振及非线性光学特性为基础，分析了光与材料发生谐振后，由于材料的折射率随光强变化，从而影响谐振产生的多极子贡献，最终导致该结构的散射特性发生变化。本书使用表面等离激元光学、非线性光学和 Mie 理论作为光学应用的研究工具，研究了光与物质（原子和微纳结构）相互作用，拓展了材料在多通道光开关、颜色传感、信息编码、光学天线等领域的应用。

本书可分为四部分共八章。第一部分为研究背景和基础理论介绍，由第 1 章和第 2 章组成。第二部分为基于原子的相关研究，由第 3 章到第 5 章组成，分别为 EIT 效应、FWM 效应以及两个共存 FWM 之间的关系。第三部分为微纳结构相关研究，由第 6 章和第 7 章组成，主要研究光与金属微纳结构的表面等离激元共振和光与介电微纳结构的谐振对光场的调控。最后一部分为第 8 章，包括结论和展望。

本书研究内容的具体框架如图 1-2 所示。具体内容如下：

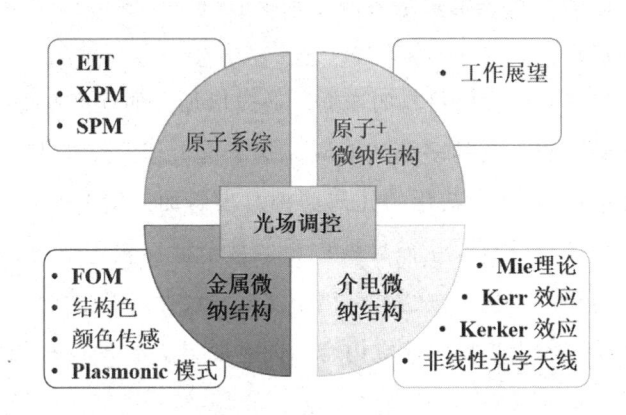

图 1-2 本书光与物质相互作用研究框架图

第 1 章为本书的导论。

第 2 章介绍了本书中涉及的一些基础理论概念。

第 3 章研究了入射光与 Rb 原子能级共振后，透射场发生 EIT 效应，在低强度下对高斯光场进行相位调制产生涡旋光。这一结果将有助于研究量子信息和量子计算方面的应用。

第 4 章研究了在 EIT 的辅助下，将涡旋光作为探测光，在 Rb 原子气体中的高阶极化率 $\chi(3)$ 产生 FWM 的过程。涡旋四波在缀饰作用下发生电磁诱导光斑劈裂的现象，通过缀饰光场的功率和频率有效调控光斑劈裂以及子光斑的亮暗变化，该研究在光开关中有很大的应用前景。

第5章研究了倒Y形四能级原子系统，该系统包括Λ和Ladder两个三能级系统，对应的两个EIT的窗口里产生两个不同方向不同频率的FWM。两束四波之间发生相互缀饰作用。由于四波光束的慢速匹配，两束四波过程发生竞争和能量交换。经过一段距离的传输过程，前向四波将能量传递给后向四波。这种关于两束四波光束的关系在研究高阶非线性光学、产生关联光子和量子信息过程中具有重要的物理意义。

第6章研究了光与金属光栅微纳结构发生表面等离激元共振，产生的反射光的光谱特性在颜色显示上具有优势，可控制起偏和检偏的方向，对颜色进行有效的提取，得到鲜艳的颜色。该研究为信息加密、颜色传感等应用提供了基础。经过优化金属光栅结构，得到优质因数（FOM）约为1 175°/RIU的颜色传感，该结果在快速鉴别水溶液分析物（折射率范围为1.33～1.49）方面有很大的应用前景。

第7章探讨了光与介电材料的谐振。通过增加光的强度改变了ENZ材料的折射率，从而得到不同的多极子响应。基于这一理论该本书提出了一种介电材料和零介电材料ITO杂化的几何结构，当增加入射的泵浦光的强度时，结构的介电常数发生改变，从而导致产生的散射截面发生变化，其辐射图样也随着强度的变化而变化。该结构可用于实现非线性可调谐的纳米光学天线。

第8章总结了本书工作的研究内容，同时展望了本书未来的研究工作。

第 2 章 基础理论和研究方法

2.1 碱金属原子中的基础理论

2.1.1 碱金属原子

碱金属位于元素周期表第ⅠA族，由于其能带结构的特殊性，被广泛用于基础研究和精密测量。其中热原子，特别是 Rb 原子，更是被广泛使用。最主要的原因是，从最低能级到第一激发态的激发频率位于可见区域，可方便地使用可调谐二极管激光光源进行激发。另一个原因是它在接近室温下会产生巨大的蒸气压力。Rb 的熔点为 39.31℃，原子密度 $N(\text{atom/cm}^3)$ 随着温度的升高发生变化，两者之间的关系为 $\lg N = 4312 - 4040/T - \lg(kT)$[12]，如图 2-1 所示。利用窄的跃迁频率可以有效耦合共振光子，从而可以用来控制光脉冲的群速度，使群速度小于 17 m/s[90]，甚至使群速度为 0[90]。此外，它表现出明显的非线性效应，如光学 Kerr 效应[18]、三次谐波[5]和 FWM[7]。

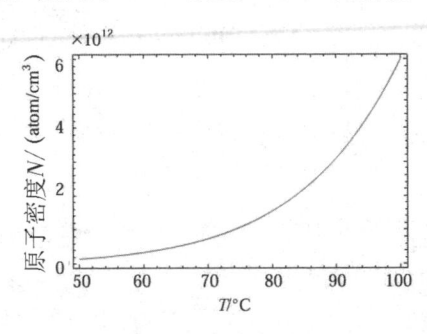

图 2-1 Rb 原子原子密度随温度变化的曲线[12]

Rb 的基态电子排布在 5s。5s 轨道上的价电子，可以从低能级被激发到高能级，也可以从高能级跃迁到低能级发出辐射。其他 36 个电子围绕原子核形成原子实。5s 轨道上的价电子的总角动量包含自旋角动量 S 和轨道角动量 L，即，$J=L+S$，其量子化值在 $L-S\leqslant J\leqslant L+S$ 范围内。基态电子是 $S=1/2$，$L=0$，因此 $J=1/2$。处于激发态的电子携带 $L=1$，J 可以取两个值 $1/2$ 和 $3/2$。电子自旋和轨道角动量的相互作用产生了精细结构。从基态能级 $5s_{1/2}$ 跃迁到激发态能级 $5p_{1/2}$ 和 $5p_{3/2}$，分别对应的谱线为 D_1(795 nm) 和 D_2(780 nm) 线。与电子的自旋相似，原子核也带有角动量。原子核的角动量与电子的总角动量相互作用，导致能级的超精细分裂。每个原子能级都含有 $2J+1$ 个简并态 M_J。纯天然的 Rb 原子中含有两个同位素，分别为 ^{85}Rb 和 ^{87}Rb，两者的含量分别为 72.17% 和 27.83%，其原子能级如图 2-2 所示。^{85}Rb 和 ^{87}Rb 的原子核自旋角动量分别为 $I=5/2$ 和 $I=3/2$。原子的总角动量 $F=I+J$。两者具有不同的精细能级。在无磁场作用下，超精细能级为简并的塞曼能级，不同偏振的光跃迁路径不同。磁量子数为 $\Delta M=M_2-M_1=1$ 时，原子的角动量减少了 1 个 $\hbar$，所以激发的光子应在此方向具有 $\hbar$ 的角动量，即光子是左旋偏振光 σ^-。左旋偏振光正对磁场方向沿逆时针方向运动。同样的 $\Delta M=M_2-M_1=-1$ 时，激发的光子为右旋偏振光 σ^+。

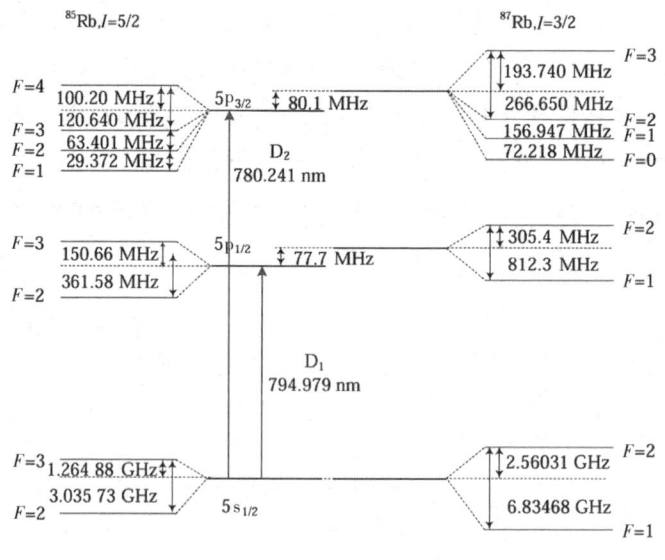

图 2-2 Rb 原子能级图[91-93]

2.1.2 电磁感应透明

当施加一个耦合场,能够在原子共振附近大幅度改变介质光学特性,并在探测场高吸收共振处引入透明窗口,导致原本吸收消失,该现象称为 EIT。除此之外,介质的色散特性大大增强,如图 2-3 所示。

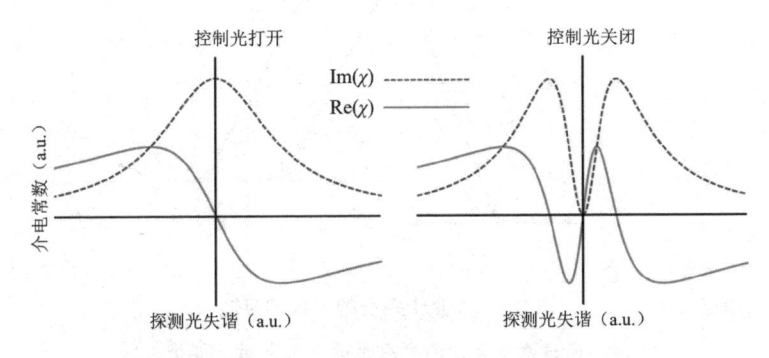

图 2-3 EIT 的线性极化率 χ 的实部和虚部

(a)为只有探测光入射介质的折射率随失谐的变化(对称的 Lorentzian 型);

(b)为当耦合场打开后,探测场的折射率随失谐的变化,虚部在共振处降到最低,实部表明共振位置有明显的色散变化,与群速度有关[94]

图 2-4 所示为经典的 EIT 效应,系统由一个激发态 |3⟩ 和两个基态(|1⟩ 和 |2⟩)组成,且两个基态之间的退相干率 Γ_{12} 非常小。一束弱的探测光 E_p(幅值为 ξ_p)作用于 |1⟩ 和 |3⟩ 能级,另一束较强的泵浦光 E_c(幅值为 ξ_c)作用于 |2⟩ 和 |3⟩ 能级,适当调节两个光场强度,使得组成介质的所有原子均稳定地布居在较低能级 |1⟩ 与 |2⟩ 的叠加态上,叠加系数由两束光的拉比(Rabi)频率决定,这种叠加态称为暗态,它是系统相互作用哈密顿量(Hamiltonian)的一个本征态,里面不包括 |3⟩ 态。由量子力学可知,光在介质中传播时的衰减主要由低能级向高能级的跃迁引起。由于暗态不包括高激发态,衰减很小,可以忽略,这样,当两束光场的频率满足双光子共振时,便保证了介质对探测场的无吸收色散。另外,EIT 要求耦合光强于探测光,介质对探测光的色散特性完全由耦合光的耦合强度来决定。EIT 的本质含义为无吸收色散和色散性质由耦合光调控(诱导)。当 EIT 效应发生时,介质能够在近共振处产生非常强的光学 Kerr 效应,而且极大降低光吸收。在近 EIT

共振处，色散特性变得非常锐利，介质对探测光的折射率发生急剧变化。这种色散增强效应会导致探测光的群速度减慢。

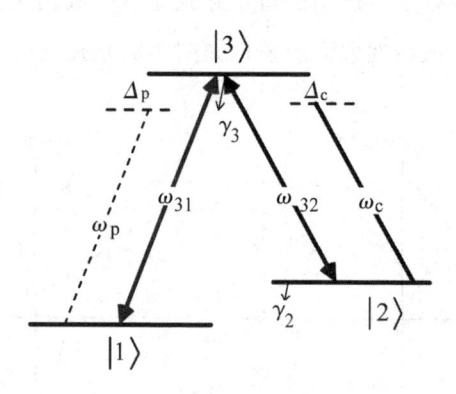

图 2-4 Λ 原子系统的失谐和衰减

实验上通过调激光器的频率来改变失谐量。能级 $|1\rangle$ 和激发态 $|3\rangle$ 之间的共振频率为 $\omega_{31}=\omega_3-\omega_1$，$|2\rangle$ 和 $|3\rangle$ 之间的共振频率为 $\omega_{32}=\omega_3-\omega_2$。这两个跃迁分别由探测光 ω_p 和泵浦光 ω_c 驱动。

探测场和泵浦场的失谐分别为 $\Delta_p=\omega_p-\omega_{31}$ 和 $\Delta_c=\omega_c-\omega_{32}$。

能级 $|2\rangle$ 和激发态 $|3\rangle$ 的衰减率分别为 γ_2（非常小）和 γ_3。

能级 $|1\rangle$ 和 $|2\rangle$ 之间是禁戒跃迁（指的是选择定则所不容许的偶极辐射跃迁）

在 Rb 原子系统中，原子与电磁场的共同哈密顿量为 $H=H_0+H_1$[7]，其中，H_0 是无外加光场作用时电子的哈密顿量，H_1 是偶极近似下电子与光场相互作用的哈密顿量。H_0 表示为

$$H_0=\left(\sum_n |n\rangle\langle n|\right)H\left(\sum_n |n\rangle\langle n|\right)=\begin{bmatrix}\hbar\omega_1 & 0 & 0 \\ 0 & \hbar\omega_2 & 0 \\ 0 & 0 & \hbar\omega_3\end{bmatrix} \quad (2\text{-}1)$$

与介质相互作用的总的光电场可以表示为

$$E=\xi_p\cos(\omega_p t-\boldsymbol{k}_p\boldsymbol{r})+\xi_c\cos(\omega_c t-\boldsymbol{k}_c\boldsymbol{r}) \quad (2\text{-}2)$$

通常，偶极近似指入射光波长远远大于原子的有效半径（$\lambda\gg r$ 或 $1\gg kr$），则三角函数关系：

$$\cos(\omega t-\boldsymbol{k}\cdot\boldsymbol{r})=\cos(\omega t)\cos(-\boldsymbol{k}\cdot\boldsymbol{r})-\sin(\omega t)\sin(-\boldsymbol{k}\cdot\boldsymbol{r}) \quad (2\text{-}3)$$

中的 $\cos(-\boldsymbol{k}\cdot\boldsymbol{r})\sim 1$，$\sin(\boldsymbol{k}\cdot\boldsymbol{r})\sim 0$，因此电场可以简化为

$$E = \xi_p \cos(\omega_p t) + \xi_c \cos(\omega_c t) \tag{2-4}$$

电场引起的微扰用哈密顿量 $H_1 = -qE\hat{r}$ 表示，q 为电荷量。令跃迁偶极矩 $\boldsymbol{\mu} = q\hat{r}$，偶极算符 $\mu_{nm} = \mu*_{mn} = \langle n | \mu | m \rangle$（$*$ 是共轭项），由此可得，电子与光场相互作用的哈密顿量 H_1 为

$$H_1 = -E \begin{bmatrix} 0 & 0 & \mu_{13} \\ 0 & 0 & \mu_{23} \\ \mu_{31} & \mu_{32} & 0 \end{bmatrix} \tag{2-5}$$

旋转波近似指忽略快速振荡项，将时间算符

$$U(t) = e^{iH_0 t/\hbar} = \begin{bmatrix} e^{i\omega_1 t} & 0 & 0 \\ 0 & e^{i\omega_2 t} & \mu_{23} \\ 0 & 0 & e^{i\omega_3 t} \end{bmatrix} \tag{2-6}$$

作用于 H_1，将薛定谔方程写成密度矩阵算符的形式，用密度矩阵算符取代薛定谔方程中的波函数，得到 Von Neumann 方程，Γ 定义为 $\langle n | \Gamma | m \rangle = \gamma_n \delta_{nm}$，$\gamma_n$ 为不同能级的衰减率，如图 2-4 所示。最终，密度矩阵元可以具体表示为

$$\dot{\rho}_{ij} = -\frac{i}{\hbar}(H_{ik}\rho_{kj} - \rho_{ik}H_{kj}) + \frac{1}{2}(\Gamma_{ik}\rho_{kj} + \rho_{ik}\Gamma_{kj}) \tag{2-7}$$

原子主要在基态 $|1\rangle$ 上，很少的原子在激发态，所以假设 $\rho_{11} \approx 1$，$\rho_{22} = \rho_{33} \approx 0$，将 ρ_{11} 和 ρ_{22} 代入式(2-7)，求得的密度矩阵元分别为

$$\rho_{12} = \frac{G_c G_p}{4(i\gamma_{12} + \Delta_c - \Delta_p)(-i\gamma_{13} + \Delta_p)},$$
$$\rho_{13} = \frac{2(\gamma_{12} - i(\Delta_c - \Delta_p))G_p}{4(i\gamma_{12} - \Delta_c + \Delta_p)(\gamma_{13} + i\Delta_p) - iG_c^2} \tag{2-8}$$

可见，密度矩阵的非对角元与能级跃迁有关，其中 ρ_{13} 决定了探测光入射时介质的非线性极化率。单位体积内的电偶极矩的矢量和为极化强度，设 N 为单位体积内的原子数，极化强度表达式为

$$P = N\langle\mu\rangle = NT_r\langle\rho\mu\rangle = N(\rho_{31}\mu_{31} + \rho_{23}\mu_{32} + \rho_{31}\mu_{13} + \rho_{32}\mu_{23}) \tag{2-9}$$

通过时间算符对密度矩阵进行变换并利用极化强度与电场的关系 $P = \varepsilon_0 \chi E$，可以得到极化率 χ 为

$$\chi = \frac{2N \mid \mu_{13} \mid G_p}{\xi_p \varepsilon_0} \frac{-2(\gamma_{12} + \mathrm{i}(\Delta_c - \Delta_p)G_p)}{4(\gamma_{13} - \mathrm{i}\Delta_p)(\mathrm{i}\gamma_{12} - \Delta_c + \Delta_p) + \mathrm{i}G_c^2} \quad (2\text{-}10)$$

2.1.3 光学 Kerr 效应

光学 Kerr 效应(Kerr effect)是指光场与介质相互作用引起介质折射率发生变化，折射率变化的大小与光场强度成正比。I 表示光场的强度，强度与光场振幅之间的关系为 $I = 2n_0\varepsilon_0 c \mid E \mid^2$。当考虑光学非线性效应时，材料的光学性质与入射电场有关。在偶极近似下，只有非中心对称的晶体才可能具有非零的二阶极化率张量，即二阶非线性光学效应仅发生在非中心对称的晶体中，但对于三阶非线性效应，不管介质具有什么对称性，总存在非零的三阶极化率张量。当光场强度 E 入射到中心对称物质中时，只考虑到三阶极化率时，总的极化率可表示为

$$P_{\text{tot}} = P_1 + P_{\text{nl}} = \varepsilon_0 E(\chi^{(1)} + 3\chi^{(3)} \mid E \mid^2) \quad (2\text{-}11)$$

式中：P_1，P_{nl} 分别为线性和非线性电极化强度；$\chi^{(1)} = \varepsilon^{(1)} - 1$ 是材料的线性响应，$\varepsilon^{(1)}$ 是线性介电常数。

若只考虑三阶非线性极化率时，$\varepsilon = \varepsilon^{(1)} + 3\chi^{(3)} \mid E \mid^2$。考虑到介电常数为复数形式 $\varepsilon = \varepsilon' + \mathrm{i}\varepsilon''$，对应的折射率也是复数形式 $n = n' + \mathrm{i}n''$，两者之间的关系为

$$n = \sqrt{\varepsilon} = \sqrt{\varepsilon^{(1)} + 3\chi^{(3)} \mid E \mid^2} \quad (2\text{-}12)$$

从这个关系式可以得到 $n = \sqrt{n_0^2 + 2n_0 n_2 I}^{[95]}$，对应三阶极化率对折射率 n 的贡献，即

$$n = \frac{3\chi^{(3)}}{4n_0 \mathrm{Re}(n_0)\varepsilon_0 c} \quad (2\text{-}13)$$

为了得到简单的 n 的关系式，对 n 进行多项展开可得到

$$n = n_0\sqrt{1 + 2\frac{n_2 I}{n_0}} \approx n_0\left[1 + \frac{1}{2}\left(2\frac{n_2 I}{n_0}\right) + \cdots\right] \quad (2\text{-}14)$$

在很多材料里，只有低阶项保留，与强度有关的折射率表达式可表示为 $n = n_0 + n_2 I$。这里，n_0 是弱场作用下的折射率，n_2 是折射率随光强度增加的系数。由非线性引起的折射率的改变量为 $\Delta n = n - n_0 \approx n_2 I$。然而在 ENZ 材料里，$\Delta n/n > 1$，例如掺铝 ZnO，该比值可达 $4.4^{[82]}$。式(2-14)级数展开不再

第 2 章　基础理论和研究方法

收敛,应用具有局限性。此时,非线性响应依旧可以通过式(2-11)中的 $\chi^{(3)}|E|^2$ 来度量。ENZ 材料中线性介电常数 $\text{Re}(\varepsilon^{(1)})=0$ 时,对应的折射率最小,Δn 达到最大。当一束光入射材料时,材料的极化率级数展开为

$$P_{\text{tot}}(E) = \varepsilon_0 E \sum_{j \text{ odd}}^{\infty} c_j \chi^{(j)} |E|^{j-1} \quad (2\text{-}15)$$

这里,c_j 是简并因子。当 $\chi^{(3)}$、$\chi^{(5)}$ 和 $\chi^{(7)}$ 的非线性贡献大于线性折射率项时,这种计算方法有助于研究高阶极化率对折射率的贡献。

2.1.4　四波混频

FWM 是一个三阶非线性过程,可由两个或者三个波长相互作用产生两个或者一个新的波长,可用于拓展电磁波的光谱范围。由于三阶非线性极化率在所有介质中都存在,所以 FWM 在所有介质都可以产生。FWM 是一个相位敏感的过程,其产生效率受到相位匹配条件(phase matching condition,PMC)的强烈影响,改变失谐量 $\Delta\omega$ 将影响 Δk,进而影响相位匹配条件。当相位匹配满足时,可以大大提高四波信号的输出效率[95]。图 2-5 中 k_1、k_2 和 k_3 是相互作用的三束光的波矢。其中两束光形成动态可调的光栅结构,即电磁诱导光栅(electromagenetically induced grating,EIG)[96],该光栅结构对第三束光衍射或反射,即产生四波信号[95]。EIG 产生于介质中的一种光学干涉现象,当两束光场在共振介质中发生干涉,形成驻波,这种光场强度的空间周期变化构成一个动态的衍射光栅。因此,可以周期性调制介质的折射率。当探测场传播方向沿着光栅方向传播,形成光栅衍射;当探测场垂直于光栅条纹方向传播,形成光栅反射,即,布拉格(Bragg)反射。EIG 的光栅常数 $d = \lambda_c/2$,λ_c 是形成 EIG 的两束光的波长。根据 Bragg 公式可得:$2d\cos\theta = k\lambda_p$,$\lambda_p$ 是探测场的波长。所以,产生 FWM,探测场的光波长要大于形成 EIG 两束光的波长,即,$\lambda_p > \lambda_c$。相比固体光栅,EIG 灵活性更强,产生的介质折射率变化周期可以通过改变耦合场频率来调节。当两束光频率相同时,产生的光栅为静态光栅。不同方向的四波信号需要满足对应的相位匹配条件。通常,FWM 信号比较弱,可以通过 EIT 处增强的原子相干效应,来放大四波信号。缀饰四波(dressing four-wave mixing,DFWM)是在 FWM 基础上加一束或两束光场对产生的四波信号进行调控。通过结合缀饰能级理论和

Liouville 微扰链可以得到 FWM 和 DFWM 的密度矩阵元(见第 4 章)。其电极化强度与光场的关系为 $P=\varepsilon_0\chi^{(n)}\vdots E^{(1)}E^{(2)}\cdots E^{(n)}$，$\chi^{(n)}$ 为 n 阶极化率。由于系统存在 $n+1$ 个场，所以也叫 $n+1$ 波混频。当缀饰场作用于 FWM，可以通过多参量调控有效抑制和增强 FWM 信号的强度。

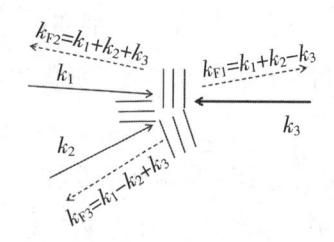

图 2-5 满足相位匹配条件的 FWM

2.1.5 涡旋光介绍

涡旋光是携带轨道角动量的光束。主要有两类：一类是螺旋相位波前分布具有相位奇点的空心光束，光强也呈现圆环形分布；另一类是矢量光束，其方位角变化的偏振分布在光束中心产生偏振奇点。按偏振的分布类型，有径向偏振、角向偏振以及螺旋偏振。常见的涡旋光束分别有：拉盖尔高斯光束(Laguerre-Gaussian beams，LG)、贝塞尔光束(Bessel beams)和贝塞尔-高斯光束(Bessel-Gauss beams)。对于涡旋光，其光子携带轨道角动量，可以作为一个新的自由度，用于实现更高的信道容量并应用于各种量子网络，为经典或量子光学信息处理提供大量的编码信息。近年来，涡旋光与物质相互作用中表现出许多奇异特性，极大地丰富了量子信息和量子光学的相关研究。

其中，作为典型的涡旋光束，LG 光束中心的相位具有不确定性，成为相位奇点，因此中心电场振幅为 0。围绕相位奇点，光场呈螺旋状分布。这种光束聚焦后，将形成圆环形场分布，如图 2-6 所示。在傍轴近似的条件下，求解柱坐标系下亥姆霍兹方程的解，得到 LG 的复振幅为

$$E_1 = A_1 \left(\sqrt{2}r/\omega\right)^{|m|} e^{-r^2/\omega^2} \exp(im\varphi) \mathrm{LG}_p^m\left[(2r^2)/\omega^2\right] \quad (2\text{-}16)$$

式中：ω 是输出面上 $z=0$ 处光束的束腰半径；$\mathrm{LG}_p^m(x)$ 是拉盖尔多项式；p 和 m 是表征模式的特征量子数；径向量子数 p 表示径向波节数；角向量子数 m

表示波前呈现螺旋形位相分布；A_1 是归一化常数。

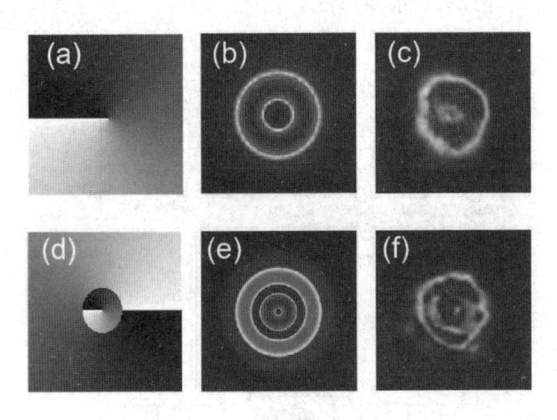

图 2-6 拉盖尔高斯光

(a)，(d) 分别为 LG_0^1 和 LG_1^1 光束的相位分布图；

(b)，(e) 分别为 LG_0^1 和 LG_1^1 的理论图；

(c)，(f) 分别为空间光调制器产生的 LG_0^1 和 LG_1^1 实验图

实验中由空间光调制器产生 LG 光束，其工作原理是：通过给液晶分子施加空间电场，形成对应的折射率空间分布，从而调制入射光场的波前，产生特定的光场分布。它可以方便地将信息加载到一维或二维的光场中，对加载的信息进行快速处理。

2.2 局域电磁模式

2.2.1 表面等离激元

表面等离激元(SPPs)是一种存在于金属/介质界面的表面波，源于金属表面电子的集体振荡行为[97]。在特定激发条件下，入射光与金属表面电子相互作用，能量被束缚在金属/介质界面，在垂直于界面的方向，电场强度呈指数衰减，如图 2-7(a) 所示。另外，SPPs 会沿界面传播，且随传播距离增加，能量亦会指数衰减，因此，也称为传输 SPPs。相对而言，还存在局域表面等离激元共振(localized surface plasmon resonance，LSPR)。当入射光场作用于金属纳米颗粒时，电场驱动自由电子振荡，能量被束缚在结构表面，产生局域电场增强，如图 2-7(b) 所示。两种模式具有不同的色散关系。前者需要在

特定条件下，满足动量匹配，才能被激发。而后者的激发条件较为宽松，共振特征主要决定于结构的尺寸和形状。

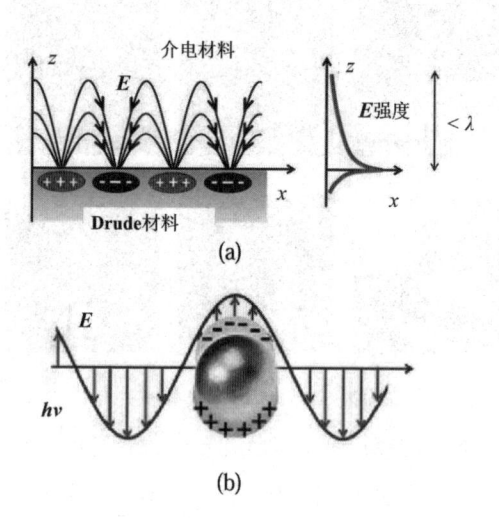

图 2-7 表面等离激元分类

(a) 传输表面等离激元；(b) 局域表面等离激元

色散关系[97]：

由于导体内有自由电荷存在，在电磁场作用下，自由电荷运动形成传导电流，可得色散关系为

$$k^2 = \varepsilon(\boldsymbol{k}, \omega)\frac{\omega^2}{c^2} \tag{2-17}$$

Drude 模型：

金属中存在大量自由电子，忽略晶格势能和电子之间的相互作用，其光学响应可采用自由电子气模型近似描述，即 Drude 模型。介电常数可写为

$$\varepsilon_r(\omega) = \varepsilon_\infty - \frac{\omega_p^2}{\omega^2 + i\gamma\omega} \tag{2-18}$$

其中，$\omega_p^2 = \dfrac{Ne^2}{\varepsilon_0 m^*}$，是等离子体共振频率，$N$ 为电子密度；γ 是衰减率；ε_∞ 是高频介电常数。

当不考虑阻尼时，只考虑实部，有

$$\varepsilon(\omega) = 1 - \frac{\omega_p^2}{\omega^2 + i\gamma\omega} \tag{2-19}$$

该关系式如图 2-8 所示。

$$\omega^2 = \omega_p^2 + k^2 c^2 \tag{2-20}$$

当 $\omega < \omega_p$ 时，金属表面不存在横波传输，当 $\omega > \omega_p$ 时，金属表面支持横波传输，传输的速度为 $v_g = \mathrm{d}\omega/\mathrm{d}k < c$。

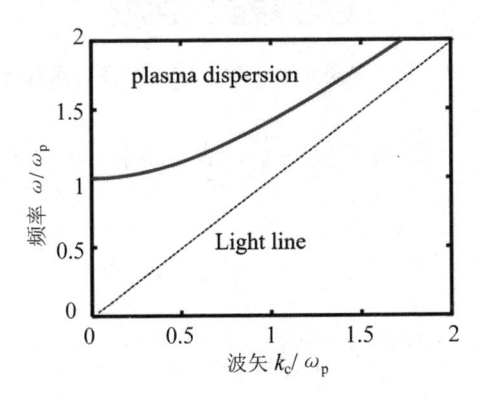

图 2-8　自由电子气的色散关系

假设光沿 x 方向传输，则电场可以表示为 $\boldsymbol{E}(x, y, z) = \boldsymbol{E}(z)\mathrm{e}^{\mathrm{i}\beta x}$。$\beta = k_x$ 是传输常数，有

$$\frac{\partial^2 \boldsymbol{E}(z)}{\partial z^2} + (k_0^2 \varepsilon - \beta^2)\boldsymbol{E} = 0 \tag{2-21}$$

根据亥姆霍兹方程，将其代入可得

$$\nabla^2 \boldsymbol{E} + k_0^2 \varepsilon \boldsymbol{E} = 0 \tag{2-22}$$

SPPs通常发生在介质表面，当电磁波从介质入射到金属表面时，以 $\boldsymbol{k}_1$ 表示金属中的波矢，$\boldsymbol{k}_2$ 表示导体中的波矢。如图 2-9 所示，由 TM 模式的解可以得到，$z > 0$ 时，满足

$$H_y(z) = A_2 \mathrm{e}^{\mathrm{i}\beta x} \mathrm{e}^{-k_2 z} \tag{2-23}$$

$$E_x(z) = \mathrm{i}A_2 \frac{1}{\omega \varepsilon_0 \varepsilon_2} k_2 \mathrm{e}^{\mathrm{i}\beta x} \mathrm{e}^{-k_2 z} \tag{2-24}$$

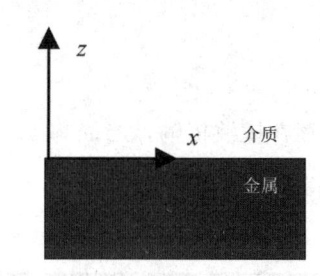

图 2-9　在金属和介质界面处 SPPs 传播的几何结构

$$E_z(z) = -A_2 \frac{\beta}{\omega\varepsilon_0\varepsilon_2} e^{i\beta x} e^{-k_2 z} \qquad (2-25)$$

$z<0$ 时，满足

$$H_y(z) = A_1 e^{i\beta x} e^{k_1 z} \qquad (2-26)$$

$$E_x(z) = -iA_1 \frac{1}{\omega\varepsilon_0\varepsilon_1} k_1 e^{i\beta x} e^{k_1 z} \qquad (2-27)$$

$$E_z(z) = -iA_1 \frac{1}{\omega\varepsilon_0\varepsilon_2} e^{i\beta x} e^{k_1 z} \qquad (2-28)$$

根据 H_y 和 $\varepsilon_i E_z$ 连续性边界条件可知，$A_1 = A_2$，且

$$k_1^2 = -\frac{\varepsilon_2}{\varepsilon} \qquad (2-29)$$

此处，ε_1 和 ε_2 分别为金属和介质的介电常数。

$$k_1^2 = \beta^2 - k_0^2 \varepsilon_1 \qquad (2-30)$$

$$k_1^2 = \beta^2 - k_0^2 \varepsilon_2 \qquad (2-31)$$

结合式(2-29)～式(2-31)，得到界面的传输常数为

$$\beta = k_0 \sqrt{\frac{\varepsilon_1 \varepsilon_2}{\varepsilon_1 + \varepsilon_2}} \qquad (2-32)$$

由式(2-32)知，SPPs 的动量大于自由光束，为实现动量匹配，需要借助特殊方法，才能实现光场对 SPPs 的激发。

同样的，由 TE 模式的解可以得到

$$E_y(z) = A_2 e^{i\beta x} e^{-k_2 z} \qquad (2-33)$$

$$H_x(z) = -iA_2 \frac{1}{\omega\mu_0} k_2 e^{i\beta x} e^{-k_2 z} \qquad (2-34)$$

$$H_z(z) = A_2 \frac{\beta}{\omega\mu_0} e^{i\beta x} e^{-k_2 z} \tag{2-35}$$

$z < 0$ 时，满足

$$E_y(z) = A_1 e^{i\beta x} e^{k_1 z} \tag{2-36}$$

$$H_x(z) = iA_1 \frac{1}{\omega\mu_0} k_1 e^{i\beta x} e^{k_1 z} \tag{2-37}$$

$$H_z(z) = iA_1 \frac{1}{\omega\mu_0} e^{i\beta x} e^{k_1 z} \tag{2-38}$$

由 E_y 和 H_z 连续性边界条件可知，$A_1(k_1+k_2)=0$，只有当 $A_1=0$，或者 $k_1+k_2=0$。因此，TM 电磁波可以激发表面等离激元，而 TE 模式无法激发表面等离激元。

传输表面等离激元的激发方式有衰减全反射和光栅衍射补偿法[97]。本书只讨论光栅衍射补偿法。衍射补偿法是通过衍射效应产生的倒格矢提供波矢来补偿激发的表面等离激元所需的动量。通过光栅来激发 SPPs[97]，相位匹配方程可以很好地预测所需要的激发条件[98-99]的金属的介电常数。

$$\left(\frac{2\pi}{\lambda}\sqrt{\frac{\varepsilon_1 n_a^2}{\varepsilon_1 + n_a^2}}\right) = \left(\frac{2\pi}{\lambda}n_a\sin\theta + m\frac{2\pi}{P_x}\right) + \left(n\frac{2\pi}{P_y}\right) \tag{2-39}$$

在模拟中，n_a 是周围介质环境的折射率；(m, n) 是布拉格衍射级的整数；P_x 和 P_y 是沿 x 轴和 y 轴的周期。

2.2.2 Mie 理论

光通过介质后会偏离原来的方向传播，这一现象称为光的散射。Mie 理论是利用 Maxwell 的电磁理论计算球形微粒对电磁波的散射和吸收的严格解。该理论的基本目的是计算吸收截面（C_{abs}）、散射截面（C_{sca}）和消光截面（C_{ext}）。消光截面是散射截面和吸收截面的总和，即

$$C_{ext} = C_{sca} + C_{abs} \tag{2-40}$$

散射截面和消光截面公式如下所示[100]：

$$C_{sca} = \frac{2\pi}{k^2}(2n+1)|a_n|^2 + |b_n|^2 \tag{2-41}$$

$$C_{ext} = \frac{2\pi}{k^2}(2n+1)\text{Re}\{a_n + b_n\} \tag{2-42}$$

Mie 散射系数 a_n 和 b_n 用来计算散射场的振幅；这两个函数都与球谐贝塞

尔公式有关。n 为多极子的阶数，如 $a_{1,2}$ 是电偶极子和电四极子的振幅；$b_{1,2}$ 是磁偶极子和磁四极子的振幅。a_n 和 b_n 的表达式为[100]

$$a_n = \frac{m^2 j_n(mx)[xj_n(x)]' - \mu_1 j_n(x)[mxj_n(mx)]'}{m^2 j_n(mx)xh_n^{(1)}(x)' - \mu_1 h_n^{(1)}(x)[mxj_n(mx)]'} \tag{2-43}$$

$$b_n = \frac{\mu_1 j_n(mx)[xj_n(x)]' - j_n(x)[mxj_n(mx)]'}{\mu_1 j_n(mx)xh_n^{(1)}(x)' - h_n^{(1)}(x)[mxj_n(mx)]'} \tag{2-44}$$

其中，$m = n_1/n_0$，表示散射粒子与介质之间的折射率之比表示散射粒子和介质的折射率；x 用来描述散射粒子的尺寸参数，它是球形颗粒的周长与介质中光的波长比，即，$x = 2\pi a/(\lambda/n)$。

球谐贝塞尔函数的微分方式为

$$z = x, mx;$$

第一类贝塞尔函数和第二类贝塞尔函数分别为

$y_n(z) = \pi/2z Y_{n+0.5}(z)$；$j_0(z) = \sin z/z$；$j_1(z) = \sin z/z^2 - \cos z/z$；
$y_0(z) = -\cos z/z$；$y_1(z) = \cos z/z^2 - \sin z/z$；

Hankel 函数表达式为

$$h^{(1)}(z) = j_n(z) + iy_n(z)$$

根据 Mie 散射系数可得，前向散射和背向散射可以分别表示为[100]

$$C_{sca}^{forward} = \frac{1}{a^2 k^2} \left| \sum_{n=1}^{\infty} (2n+1)(a_n + b_n)^2 \right| \tag{2-45}$$

$$C_{sca}^{backward} = \frac{1}{a^2 k^2} \left| \sum_{n=1}^{\infty} (2n+1)(-1)^n (a_n - b_n)^2 \right| \tag{2-46}$$

球在介电环境中，其远场辐射场与角度有关[101]：

$$E_\theta(\theta, \varphi) \approx E_0 \frac{e^{ikr}}{-i\boldsymbol{kr}} \cos\varphi \sum_n \frac{2n+1}{n(n+1)} \left(a_n \frac{dP_n^1}{d\theta} + b_n \frac{P_n^1}{\sin\theta} \right) \tag{2-47}$$

$$E_\varphi(\theta, \varphi) \approx E_0 \frac{e^{ikr}}{-i\boldsymbol{kr}} \sin\varphi \sum_n \frac{2n+1}{n(n+1)} \left(a_n \frac{dP_n^1}{\sin\theta} + b_n \frac{P_n^1}{d\theta} \right) \tag{2-48}$$

其中，θ 和 φ 分别为极角和方位角，如图 2-11 所示。E_0 为入射场的强度；$\boldsymbol{k}$ 为周围环境中的波矢量。P_n^1 表示一阶 Legendre 多项式，其与角度的函数关系为[102]

$$\pi_n(\theta) = \frac{P_n^1}{\sin\theta}$$

$$\tau_n(\theta) = \frac{dP_n^1}{d\theta} \tag{2-49}$$

通过迭代法可以得出

$$\pi_n = \frac{2n-1}{n-1}\cos\theta\pi_{n-1} - \frac{n}{n-1}\pi_{n-2}$$

$$\tau_n(\theta) = n\cos\theta\pi_n - (n+1)\pi_{n-1}$$

$$\pi_0 = 0, \ \pi_1 = 1 \tag{2-50}$$

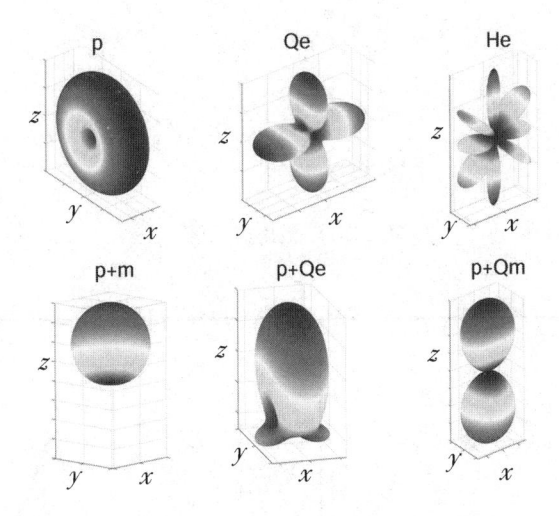

图 2-10　单极子远场辐射图及多极子耦合的辐射图

单位立体角内的散射截面与电场幅值平方成正比，即

$$C(\theta, \varphi) \approx |E_\theta(\theta, \varphi)|^2 + |E_\varphi(\theta, \varphi)|^2 \tag{2-51}$$

由此可得，各个极子的散射截面均与角度有关。低阶极子的散射截面[103]如图 2-12 所示。

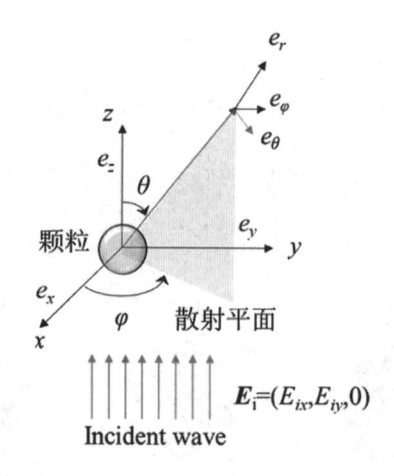

图 2-11 散射坐标图

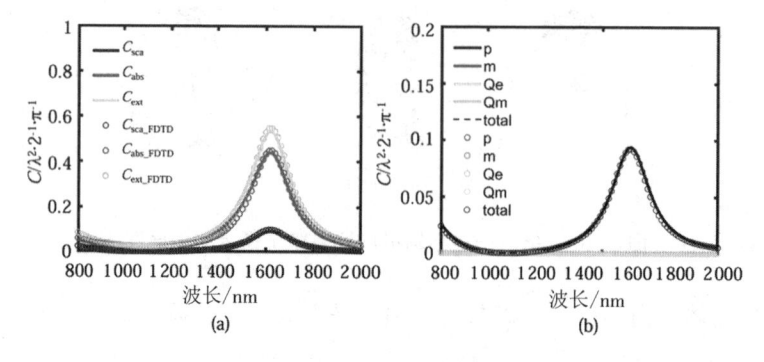

图 2-12 Lumerical FDTD 和 Mie 理论计算散射截面和多极子分解
（a）直径为 200 nm 的 ITO 球的散射截面 C_{sca}、吸收截面 C_{abs}、消光截面 C_{ext}；
（b）直径为 200 nm 的 ITO 球的多极子分解。其中，p 为电偶极子，m 为磁偶极子，
Qm 为磁四极子，Qe 为电四极子。圆圈表示 Lumerical FDTD
模拟的计算结果，实线为 Mie 理论计算的结果

2.2.3 多极子分解

物体对入射光进行散射时，散射介质单位时间内散射的光能量与入射光源强度的比值为散射截面，表达式为 $C_{sca}=P_{sca}/I_{inc}$，单位为 m^2。吸收截面：$C_{abs}=P_{abs}/I_{inc}$，P_{sca} 和 P_{abs} 分别是散射总功率和吸收总功率，I_{inc} 是入射光的强度。散射效率：$Q=C_{sca}/S$，无量纲。S 可根据要求自行定义为几何截面或者其他参数。本书将 S 定义为 $\lambda^2/2\pi$。通常，散射方向与入射光方向相同时称

第 2 章 基础理论和研究方法

为前向散射，与入射光方向相反，称为背向散射。Kerker 条件在研究散射并调控散射方向领域具有重要的作用[19]。电磁多极子分解可以分析空间中的电流分布是由多极子叠加构成的，适合描述不同的几何微纳结构的光学散射特性。在散射截面的多偶极子分解的过程，用到了笛卡儿(Cartesian)坐标(见图 2-11)。极化率可以表示为 $P = \varepsilon_0(\varepsilon_r - 1)E$。产生的多偶极子包括电偶极子(ED，即，$p_\alpha$)，磁偶极子(MD，即，$m_\alpha$)，电四极子(EQ，即，$Q_{\alpha\beta}$)，磁四极子(MQ，即，$Q_{\alpha\beta}$)。

由 2.2.2 节的 Mie 理论和 2.2.3 节的多极子分解计算得到的多极子分解、散射截面、吸收截面、消光截面相吻合，如图 2-12 所示。总散射截面可以由产生的多极子得到：

$$C_{sca}^{total} = C_{sca}^{p} + C_{sca}^{m} + C_{sca}^{Qe} + C_{sca}^{Qm} + \cdots \quad (2-52)$$

求得的远场辐射图和根据 Lumerical FDTD 模拟得到的远场辐射图一致，如图 2-13 所示。

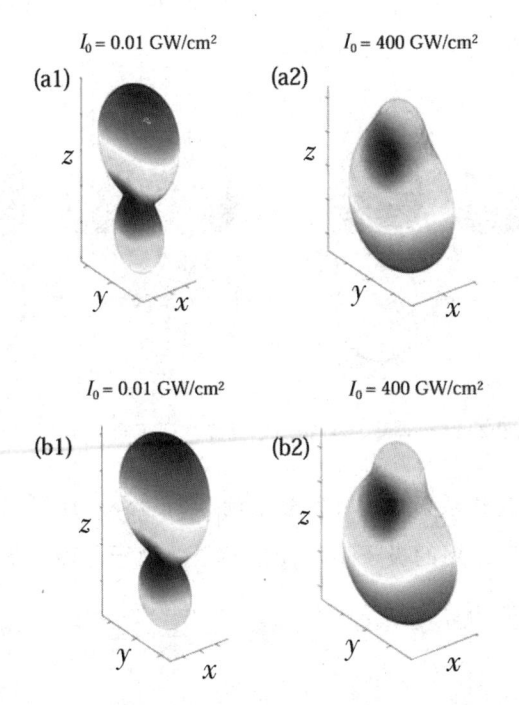

图 2-13 ITO 与 Si 盘组成的天线在低强度($I_0 = 0.01 \text{ GW/m}^2$)和高强度的远场辐射图($I_0 = 400 \text{ GW/cm}^2$)下 (a1)，(a2) 为通过公式(2-106)得到的

远场辐射图，($b1$)，($b2$) 为利用 Lumerical FDTD 模拟得到的远场辐射图。参数分别为 $D = 500$ nm，$H_1 = 300$ nm，$H_2 = 60$ nm

多极子分解和 Mie 理论是分析物体散射的有力工具，在多极子分解中，散射场表示为有限个电偶极子、磁偶极子以及高阶极子的叠加。可以利用多极子分解来分析和设计具有特定电磁响应的散射体。

2.2.4 Kerker 效应

Kerker 效应是定向散射中的一种现象，当电偶极子、磁偶极子以及其他高阶极子不可忽略时，响应会发生。这些具有不同的空间奇偶性极子模式相互叠加，产生前向或后向散射抑制的现象，从而实现定向可调的散射。当粒子满足一定条件时，粒子会发生 Mie 共振。当介质满足条件 $\varepsilon = \mu$ 时，Mie 散射系数 $a_n = b_n$，粒子的电偶极子和磁偶极子共振的相互作用使前向散射最大，背向散射为 0，称为第一 Kerker 效应[104]，如图 2-14(a) 所示。若介质满足 $\varepsilon = (4-\mu)/(2\mu+1)$ 时，$a_n = -b_n$，此时前向散射为 0，背向散射最大，如图 2-14(b) 所示，称为第二 Kerker 效应[105]。

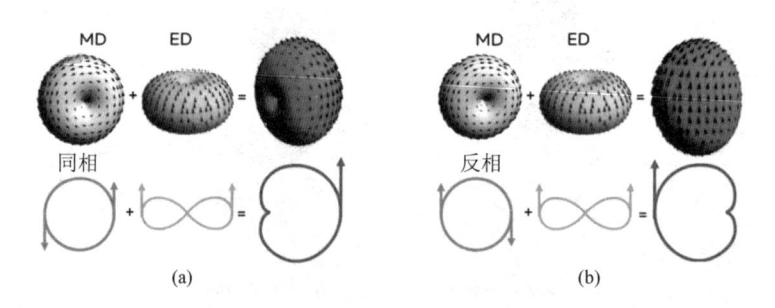

图 2-14 本书光与物质相互作用研究框架图

广义 Kerker 效应指散射角度除常规向前和向后外，还可以在其他散射角上实现散射[19]。相互作用的极子不仅仅包括电偶极子、磁偶极子还有高阶电磁极子，如图 2-15 所示。

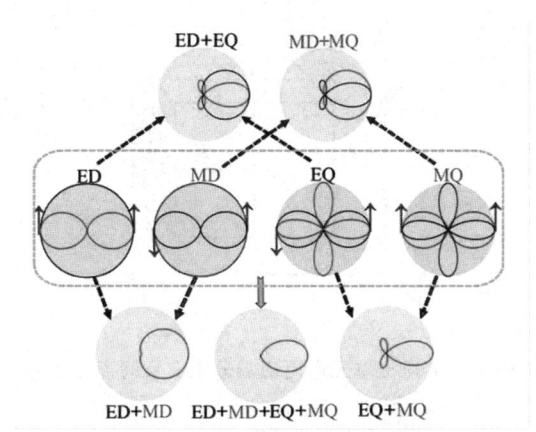

图 2-15　电磁多极子耦合的辐射图[106]

2.2.5　时域有限差分方法介绍

Kane Yee 在 1966 年提出时域有限差分方法 (finite difference time domain，FDTD) 对电场和磁场进行空间交错，每一个电场都有四个磁场分量环绕[107]，即 Yee 网格，如图 2-16 所示。应用这种方式将含有时间变量的 Maxwell 旋度方程转化为一组差分方程，并在给定的时间点求解空间体积中的电场矢量分量，然后在下一个时刻求解相同空间体积中的磁场矢量分量，并一遍又一遍地重复该过程，直到完全得出所需的瞬态或稳态电磁场。该算法的特点是：在每一个网格点上，每个场的值与前一个时间步长时刻的值和该点周围临近点上另一个场的早 1/2 个时间步长时刻的值有关。任一时刻可一次计算出一个点，并行算法可以计算多个点。这构成了 FDTD 算法的基本迭代过程，进而交替计算电场和磁场在每个时间步长的值。FDTD 作为一种时域方法，采用超短脉冲激励，通过时间信号的傅里叶变换得到频域连续波，因此一次模拟可覆盖很宽的频率范围。

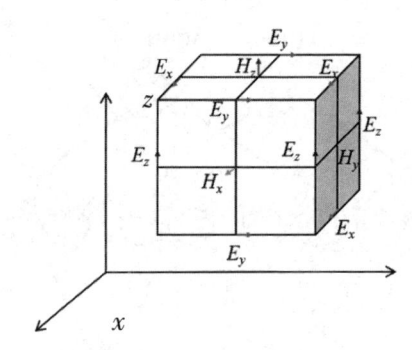

图 2-16　一个 Yee 网格单元中电磁场分量在空间离散点的相互关系

Lumerical FDTD 的建模包括以下步骤：

(1) 添加物体，定义几何形状。通常，物体材料是自由空间(空气)、金属或介质，进而指定材料的介电常数，并对材料的介电参数进行拟合。

(2) 添加仿真区域的边界条件。边界条件包含完美匹配层(perfectly matched layer，PML)、周期性边界条件、Bloch 边界条件等。对称和非对称边界条件可以减小模拟区域所需内存。对仿真区域进行网格化，一般网格间距设置不得小于最高折射率材料中波长的 1/10。部分区域需要更为精细的网格划分，以使仿真计算结果更加准确。

(3) 根据需求添加光源，并设置光源范围。平面波一般适用于周期结构；特殊情况也可以应用于散射粒子等非周期结构。全场散射场(total field scattered field，TFSF)是特殊的平面波，主要用于计算颗粒散射。

(4) 添加监视器，包括功率监视器、时间监视器、折射率监视器等。查看仿真所需内存，确保内存足够，并进行文件保存、运行和分析。尽管 FDTD 技术在有限的仿真区域内计算电磁场，但可以通过场监视器获得辐射的远场。

第3章 低强度下自相位和交叉相位对环形光场的调制

利用非线性效应可以操纵光场[108],例如自聚焦、自散焦和电磁诱导劈裂等各种光学现象[109-110]。特别是与光诱导折射率变化有关的非线性相移,可以在光场传播过程中重塑光场的波前,目前已在液晶[111]、半导体[112]和碳纳米管[15]等多种非线性介质中观察到高斯光场波前重塑为环形衍射。作为一个典型现象,环形衍射模式在光开关、光限幅[44-45]、光俘获方面有潜在的应用价值[47,113]。自相位调制(SPM)和交叉相位调制(XPM)是光通信中重要的两个非线性效应。这两个效应会导致光的相位变化。SPM是光束在具有光学Kerr效应介质的传播过程中,由自身强度引起的非线性光相位变化。XPM是在非线性介质中,由于另一束光的光强而导致的光束的相位变化。通过自相位调制的环形衍射图样已经在原子气体中得到了广泛的研究[12],而通过XPM的环形衍射图样却很少受到关注,由于原子气体中SPM需要很强的光(1973×10^3 W/m^2)[12]。从实际应用的角度来看,用较低的强度来控制衍射图样更具有实际意义。SPM和XPM[41,109,114]在原子气体中的结合可能是实现空间场模式调制的一个有前途的机制,例如,原子能级介质中的EIT可以产生大XPM[114-116]。EIT具有吸收降低、色散变化剧烈等特点,导致了线性极化率的抑制和非线性极化率为增强,为空间自Kerr和交叉Kerr非线性相移提供了有利的平台[40]。

本章将研究在Rb原子系统中,利用EIT引起的SPM和XPM,实现在低强度下将高斯光调控为输出衍射环,且衍射环的具体图样可通过入射光的功率、失谐、偏振和 Rb 原子的温度进行控制。这一结果将有助于研究量子信息和量子计算方面的应用[10,117]。

3.1 基础理论

考虑到输入 $\boldsymbol{E}_1$ 和 $\boldsymbol{E}_{1'}$ 为准直高斯光束，光束半径为 $\omega_z=0.8$ mm；径向强度分布为 $I_{(\text{laser})}=I_i\exp(-2r^2/\omega_z^2)(i=1,1')$；$I_i=P_i/(\pi\omega^2)_z(i=1,1')$ 为 $\boldsymbol{E}_i$ 的强度。当高斯光通过 Rb 泡，由于介质引起的非线性相移，在观测面的远场强度可以通过基尔霍夫衍射积分给出[111,118-119]

$$I(r_0,z)=\left(\frac{2\pi}{\lambda Z}\right)^2 I_i\left|\int_0^\infty J_0\left(\frac{2\pi rr_0}{\lambda Z}\right)\exp\left(\frac{-2r^2}{\omega_z^2}\right)\exp[-\mathrm{i}(\varphi_D+(\varphi_{\text{NL}}^S+\varphi_{\text{NL}}^X)(r))]r\mathrm{d}r\right|^2 \tag{3-1}$$

这里，$\varphi_D=k(r^2/2Z+r^2/2R)$ 是衍射相位；$Z=0.04$ m 代表 Rb 泡末端到电荷耦合器件(charge-coupled device，CCD) 的距离；J_0 是零阶贝塞尔函数；r 是径向坐标；$R=\infty$ 是准直光束的波前曲面。该公式是光波传播的理论分析模型或数值分析模型。

通过改变折射率改变空间自相位(φ_{NL}^S)和交叉相位(φ_{NL}^X)。$\boldsymbol{E}_1$ 的传输方程为 $\partial E_1/\partial z-\mathrm{i}\nabla_\perp^2/2k_1=\mathrm{i}k_1/n_1^{[n_0^S|E_1|^2+2nX_2|E_{1'}|^2]}E_1^{[120]}$。根据 $n=n_0+n_2I$，n_0 是线性折射率，n_2 是非线性折射率。自相位调制过程的折射率和交叉相位调制过程的折射率分别是 n_2^S 和 $n_2^{X[111]}$。非线性折射率 n_2 为

$$n_2=\frac{\text{Re}\chi^{(3)}}{\varepsilon_0 cn_1}=n_2^S+n_2^X=\text{Re}\frac{N\mu_{12}(\rho_{21}^{S(3)}+\rho_{21}^{X(3)})}{\varepsilon_0 \mathrm{e}_1^2 E|'}\frac{1}{\varepsilon_0 cn} \tag{3-2}$$

式中：$\chi^{(3)}$ 是非线性极化率；$\rho^{(3)}$ 表示三阶非线性密度矩阵元，表达式为

$$\rho_{21}^{S(3)}=\frac{-\mathrm{i}G_1^2 G_1^*}{d_1^2 \Gamma_{11}}$$

$$\rho_{21}^{X(3)}=\frac{-\mathrm{i}G_{1'}G_{1'}^* G_1}{d_1 d_2 d_3} \tag{3-3}$$

式中：$d_1=\Gamma_{21}+\mathrm{i}\Delta_1$；$d_2=\Gamma_{11}-\mathrm{i}2kv\sin^2(\theta/2)$，$\theta=0.3°$；$d_3=\Gamma_{21}+\mathrm{i}\Delta_1-\mathrm{i}2kv\sin(\theta/2)$；$\Gamma_{ij}$ 表示能级 $|i\rangle$ 和 $|j\rangle$ 之间的自然衰减率。Δ_i 为失谐量，表示能级固有频率 Ω_i 与激光频率 ω_i 的差值。

非线性相移影响了光束输出的强度，非线性相移表达式为

第 3 章　低强度下自相位和交叉相位对环形光场的调制

$$\varphi_{\text{NL}}(r) = \Delta\varphi_0 \exp\frac{-2r^2}{\omega_z^2} = \frac{2kn_2 I_i \exp(-2r^2/\omega_z^2)}{n_0} \quad (3\text{-}4)$$

非线性相移 φ_{NL} 与 r 径向坐标的关系如图 3-1(c) 的黑色曲线所示。$\Delta\varphi_0$ 是最大相位移，如果大于等于 2π，衍射光斑出现在观测面上。由于 $\boldsymbol{\delta}_k$ 是横截面传输波矢，有

$$\boldsymbol{\delta}_k(r) = \frac{-8kn_2 I_i \exp(-2r^2/\omega_z^2)}{n_0}\hat{r} \quad (3\text{-}5)$$

其中，$\hat{r}$ 是横截面上单位矢量。有两个点(r_1 和 r_2)处的斜率 δ_k 一样，如图 3-1(c) 虚线所示，这两点具有同样的横向传输波矢[121]，从而可以发生相干作用，产生的环的数量可通过以下公式得到：

$$K \approx \Delta\varphi_0/2\pi = \frac{2n_2 I_i}{n_0 2\pi} \quad (3\text{-}6)$$

K 的值取小于 $\Delta\varphi_0/2\pi$ 的最大整数。根据式(3-4)可知，非线性相移受到入射光的强度和非线性折射率的影响。根据公式(3-2)和(3-3)可得，非线性折射率 n_2 受到失谐、原子温度、偏振影响。为了验证这一点，接下来用具体的实验来研究这些参数对衍射光斑的影响。

3.2　实验装置

如图 3-1(a) 所示，入射光束为外腔二极管激光器产生的中心波长为 780.234 nm 的准直高斯光，经偏振分光镜(polarizing beam splitter, PBS)分成 $\boldsymbol{E}_1$(p 极化)和 $\boldsymbol{E}_{1'}$(s 极化)两束光。利用 Rb 泡前的半波片(half wave plate, HWP)HWP$_1$ 和 HWP$_2$ 对入射光束偏振方向进行改变，其中 $\alpha_{1,2}$ 是 HWP$_{1,2}$ 轴与 y 轴沿顺时针方向的旋转角度。HWP$_1$ 的旋转角度 $\alpha_1 = 45°$ 时可以将偏振先从 s 极化改为 p 极化。改变 HWP$_2$ 的 α_2 可以同时改变 $\boldsymbol{E}_1$ 和 $\boldsymbol{E}_{1'}$ 的极化方向。激光光束的参数定义如下：频率失谐 Δ_i 表示谐振跃迁频率 Ω_i 与 $\boldsymbol{E}_i$ 频率 ω_i 的差值；$G_i = \mu_{jk}E_i/h$ 是能量 $|j\rangle$ 与 $|k\rangle$ 之间的拉比频率，其中 μ_{jk} 是跃迁偶极矩阵元。调整 $\boldsymbol{E}_1$ 和 $\boldsymbol{E}_{1'}$ 具有相同的极化方向，并同时入射到一个 10 cm 长的 Rb 泡中，该 Rb 泡用 μ-金属包裹来屏蔽磁影响，Rb 泡的温度通过加热带保持在 97 ℃。

如图 3-1(b) 所示，^{5}Rb 原子包括基态($5s_{1/2}$，$F=2$，$|1\rangle$)和激发态($5p_{1/2}$，$|2\rangle$)。一般，当两束光的频率和偏振完全相同时，没有EIT窗口，而小频率的差异会导致EIT[40]。本章实验系统可以产生一个类EIT效应，生成的频率失谐为ω_i-kv，其中热原子的速度v沿传播方向z轴。可以通过类EIT现象产生SPM和XPM，将电荷耦合器件(CCD)放置在Rb泡输出平面后0.04 m，接收传输光束的图像。

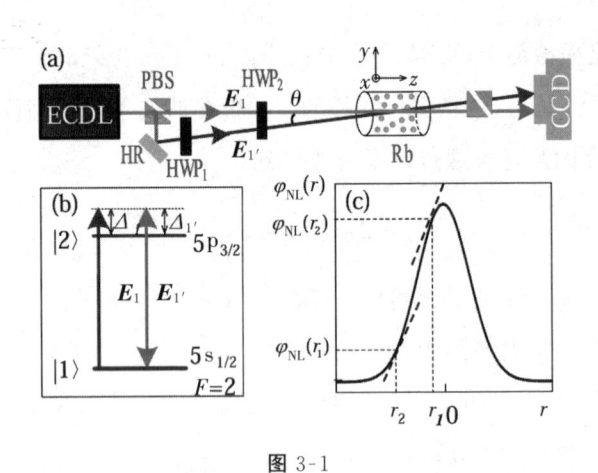

图 3-1

(a) 实验装置图，HR 为高反镜(high-reflection mirror)，HWP 为半波片(half-wave plate)，PBS 为偏振分光镜(polarization beam splitter)；(b)Rb 原子的能级示意图

(c) 径向非线性相移(黑色曲线)和横向传播波矢量(虚线)是径向坐标的函数

3.3 实验结果与分析

3.3.1 强度

同时改变 E_1 和 $E_{1'}$ 的功率，得到透射光束的光强分布。图像最初是一个高斯光斑[参见图 3-2(a1)和(a2)]，随着输入功率的增大，中心强度逐渐降低(参见图 3-2(a3))。进一步增大功率后，由于增强的非线性相移，出现衍射环，中心部分的光强逐渐增大[见图 3-2(a4)]，直至中心的光强大于外衍射环[见图 3-2(a5)]。由式(3-4)可得，非线性相移的空间变化与折射率的空间变化成正比，其中 n_2 为常数[参见式(3-2)]，I_i 随着输入功率的增加而变化(这里，$I_i=P/(\pi\omega_z)$，$\omega_z=0.8$ mm)。因此，强度的增加最终导致非线性相移

第 3 章 低强度下自相位和交叉相位对环形光场的调制

的增加。用式(3-1)计算出衍射环的相应强度。

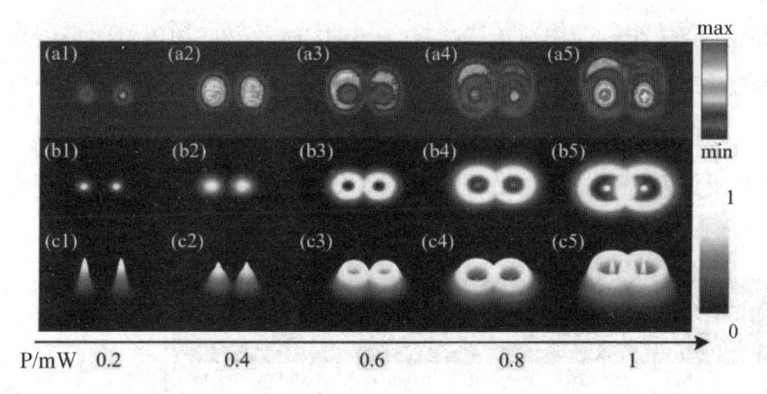

图 3-2 输出强度随输入功率从 0.2 mW 增加到 ～1 mW 的变化

(a1)～(a5)为实验结果；(b1)～(b5)和(c1)～(c5)分别为计算输出
模式的俯视图和斜侧视图。p 极化($\alpha_2 = 0$)入射场的频率失谐为 -40 MHz

如图 3-2(b1)～(b5)所示。计算结果与实测结果吻合较好。将实验结果与计算结果进行对比，结果表明，图像外环信号较弱。这种差异是由于非均匀原子分布引起的不均匀吸收造成的。式(3-1)计算出的强度分布的斜侧视图可以清楚地描述图 3-2(c1)～(c5)所示的中心和外层光环的强度分布。当图 3-2(a3)中只有一个环(暗中心)时，非线性相移为 2π。当出现明亮的中心和外层有环形分布时，则表示非线性相移大于 2π 小于 4π。这种环的数目与相位关系可以通过式(3-6)计算得到。自相位引起的非线性相移的变化需要的强度为 753×10^3 W/m²[12] 或更高，而相同的实验结果在该实验中需要的强度为 500 W/m²，其对应功率为 1 mW，如图 3-2(a1)～(a5)所示。为了证明 XPM 的存在，实验将其中一个光束逐渐衰减到最小，并观察该过程两束光的空间分布变化过程[见图(a1)]。本章只给出了两束相同功率下的实验结果。

3.3.2 失谐

除了强度之外，输出光斑还可通过改变频率失谐 Δ_1 进行调制，失谐 Δ_1 与 n_2 有关[(图 3-3(a1)～(a6)]。根据式(3-1)，得到其中一束光(白色虚线框内)的理论计算结果，如图 3-3(b1)～(b6)所示。根据式(3-4)中的 $\varphi_{NL} \propto n_2$ 的关系可知，φ_{NL} 由 n_2 决定。非线性折射率 n_2 随 Δ_1 从 -120 MHz 到 120 MHz 变化而变化[见图 3-3(c)]。因式(3-2)中 $n_2 \propto \mathrm{Re}\chi^{(3)}$，可得 n_2 在 $\Delta_1 < 0$ 处为正

值，$\Delta_1 > 0$ 处为负值，且 $|n_2|$ 在 $\Delta_1 = -40$ MHz 和 40 MHz 时达到最大值。在这里，非线性相移的绝对值大于 2π，小于 4π，故远场衍射图形的中心仍然是明亮的。如图 3-3(a2) 和 (a5) 所示，当 $\Delta_1 < 0$ 和 $\Delta_1 > 0$ 时，式(3-1)中对的积分项，包括衍射相位(φ_D)和非线性相位(φ_{NL})，引起光强分布不对称。这里，衍射相位为常数，当失谐符号改变，非线性相位项具有相反的符号。

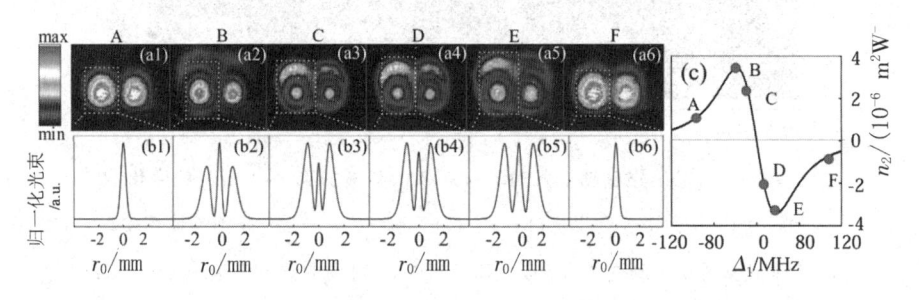

图 3-3 当频率失谐变化从负到正变化时输出光斑的强度图

(a1)～(a6) 为实验结果图；(b1)-(b6) 为一束光归一化的径向强度分布图；

(c) 非线性折射率系数 n_2 随失谐变化的曲线图。

A～F 对应的失谐分别为 $\Delta_1 = -120$，-40，-20，20，40，和 120 MHz

两束 p 偏振光入射的功率均为 1 mW

3.3.3 温度

考虑到 Rb 泡的温度会影响 n_2，因此衍射图样也会受到 Rb 泡的温度的影响。实验结果[图 3-4(a1)～(a6)]显示，随着温度的升高，外环的半径先增大后减小，表明非线性相移与原子密度 N 和平均速度 v 的变化有关[参见式(3-2)]。根据 $\varphi_D \propto n_2 \propto N[1/(d_1^2 \Gamma_{11}) + 1/(d_1 d_2 d_3)]$，$d_2$ 和 d_3 都与 v 有关，相应的非线性相移先增大后减小。一方面，由原子数密度与温度的关系（如图 2-1 所示[122]）知，随着温度升高，原子密度 N 增大。另一方面，热原子平均速度变大，导致式(3-3)中的 $1/(d_1^2 \Gamma_{11}) + 1/(d_1 d_2 d_3)$ 项先增加到最大，然后降低。考虑到这两个因素的共同作用，非线性相移 φ_{NL} 随着温度的升高先增大后减小。所以，只有在适当的温度下才能观察到衍射图样。图 3-4(b1)～(b6) 理论结果与实验结果吻合。

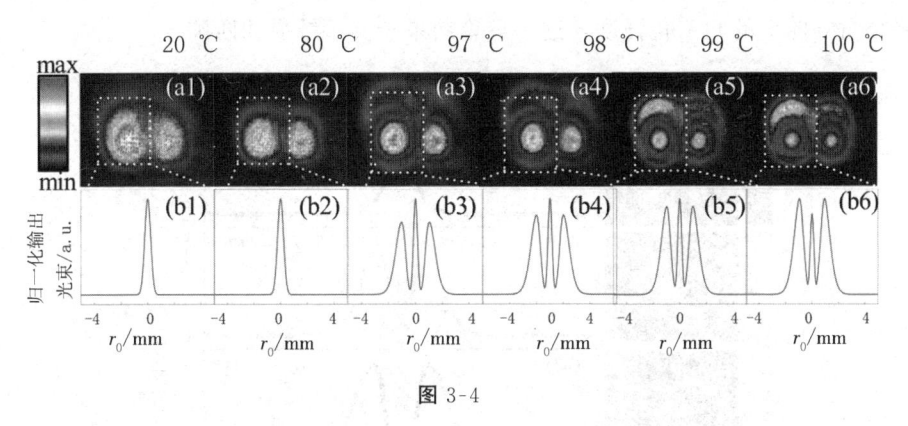

第 3 章 低强度下自相位和交叉相位对环形光场的调制

图 3-4

(a1)～(a6)为当 Rb 泡温度从 20 ℃ 到 100 ℃ 时，两束光的强度图；

(b1)～(b6)为一束输出光归一化的径向强度图。

p 偏振的光的频率失谐是 −40 MHz，功率约为 1 mW

3.3.4 偏振

图 3-5 描述了信号对偏振的依赖关系。随着 α_2 从 −25°增加至 0°（水平极化），高斯光束强度分布的中心位置[参见图 3-5(a1)]第一次变暗，空心区域的直径逐渐增加[见图 3-5(a2)和(a3)]，然后中央位置从一个小亮点变化为大亮点[参见图 3-5(a4)和(a5)]。

首先从理论上探讨极化的潜在机制来修正非线性极化强度。非线性极化强度沿 $l(l=x,y)$ 方向表示为 $P_l^{(3)}=\varepsilon_0\sum\chi_{lll}^{(3)}E_u{E_u'}^*E_u$，是三阶非线性极化张量。对于像 Rb 原子这样的各向同性介质，张量元素 $\chi_{xxxx}=\chi_{yyyy}$。入射场的不同极化状态引起不同的非线性极化率。HWP$_2$ 的改变使 E_i 的极化有两个分量，分别表示为 $E_{ix}=E_i\sin2\alpha$ 和 $E_{iy}=E_i\cos2\alpha$。对应的电极化强度在 x 方向的分量 $P_x^{(3)}=\varepsilon_0\chi_{xxxx}|E_{1x}'|^2|E_{1x}|$，$y$ 方向的分量 $P_y^{(3)}=\varepsilon_0\chi_{yyyy}|E_{1y}'|^2|E_{1y}|$[123]。在实验中，用 CCD 来检测经过 PBS 的透射信号（水平极化）。此时，式(3-2)中的非线性极化率 $\chi^{(3)}$ 需修正为 $\chi^{(3)}=\chi^{(3)}\cos^2 2\alpha_2$。将 $\chi^{(3)}$ 代入式(3-2)，引起非线性极化率的增加。由于 n_2 随着 α_2 的增加而增加且 $\varphi_{NL}\propto n_2$，所以传输信号的非线性相移随着极化角 α_2 的增加逐渐增加。实验结果表明，随着偏振角度的增加，对应非线性相位的增加引起光束从高斯光到空心衍射环，最后空心处变亮的转变。图 3-5(b1)～(b5)显示，不同的偏振状态

在径向方向上的归一化强度，这一理论结果与实验结果相匹配。

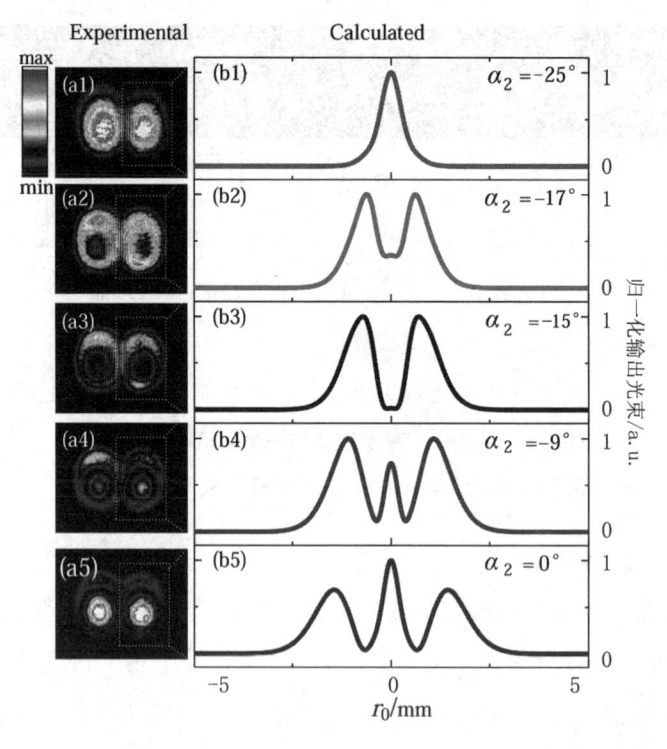

图 3-5

(a1)~(a5)为实验衍射光斑；(b1)~(b5)一束光斑归一化的径向强度图；

α_2 分别为 $-25°$，$-17°$，$-15°$，-9 和 $0°$；

入射场的频率失谐是 -40 MHz，功率约为 1 mW

3.4 本章小结

基于 EIT 效应产生的 SPM 和 XPM 相位调制，可以在 Rb 原子气体中产生环形的远场衍射图样。实验验证了通过控制强度、失谐、原子密度、入射光束的偏振状态等实验参数，使非线性相移范围超过 2π，进而实现输出光束的光斑中心由暗到亮的调制。该工作创新点在于引入类 EIT 效应产生 SPM 和 XPM 作用，将输入强度降低至 500 W/m²，比以往的只考虑 SPM 的研究工作的强度小了 3 个数量级[12,44]。基于该方法的远场衍射在光通信系统的实际应用具有很大的潜力。

ar
第4章 缀饰光四波混频对高阶拉盖高斯光的调制

携带 OAM 的 LG 光与固体[124]和原子气体[125-126]的相互作用引起人们的广泛关注，特别是在原子气体中，涡旋光与物质相互作用的非线性过程（EIT[126]、FWM[127-128]和参量下转换[129]）的研究。例如，Cao 等[130]在相位匹配条件下产生了涡旋 FWM；Marino Terriza 等人使用 FWM 产生压缩的 LG 孪生光束[131]；也有研究报道通过具有 OAM 的近红外泵浦涡旋光产生蓝光涡旋光的 FWM[125]。目前，涡旋光在逻辑门、光捕获、量子计算方面有潜在的应用[130,132]。在这些应用中，均忽略了电磁诱导空间劈裂（electromagnetically induced spatial splitting，EISS）的影响。当光通过非线性介质进行传输时，EISS 产生的四波信号具有更复杂的波前。波前复杂的能量分布可以用来实现光转换、路由器和分复器[133-136]等应用，所以研究怎么有效控制空间劈裂的潜在机制非常必要。

本章将通过实验研究 FWM 中 LG 光场信息的传递，主要包括 LG 光束的径向和轨道角动量信息。当 LG_0 光和高阶 LG_1 作探测光时，对比它们产生的相应四波信号的 EISS。进一步，引入缀饰场对 LG_1 四波的空间劈裂进行调控，并利用相干场的失谐控制劈裂的子光斑的明暗。这一研究将有利于理解 LG 光和非线性介质的相互作用在光开关、量子通信中的应用。

4.1 基础理论

当光束通过 Rb 原子系统时，$\Delta n_i = n_2 I_i$ 为 $\boldsymbol{E}_i$ 场引起的非线性折射率。E_i

场的强度为 $I_i(i=1,2,3$ 和 $3')$。为了区别四波和缀饰四波两个过程的折射率，用 $n_2^{XE_i}$ 表示电场 E_i 产生的交叉 Kerr 非线性折射率，其表达式为

$$n_{2E_F}^{XE_3,3'} = \mathrm{Re}\chi^{(3)}/(\varepsilon_0 c n_0) \tag{4-1}$$

和

$$n_{2E_{DF}}^{XE_3,3',2} = n_{2E_F}^{XE_3,3'} + n_2^{XE_2} = \mathrm{Re}(\chi^{(3)} + \chi^{(5)})/(\varepsilon_0 c n_0) \tag{4-2}$$

其中，$n_2^{XE_2} = \mathrm{Re}\chi^{(5)}/(\varepsilon_0 c n_0)$，是 DFWM 过程中的交叉 Kerr 非线性折射率；E_3 和 $E_{3'}$ 产生的非线性三阶极化率为 $\chi^{(3)} = iN\mu_2^4 \exp(im\varphi)/(\hbar_0^3 \varepsilon^2 d_1) + |G_{3S}|^2/(d_3^2 d_3)$；五阶极化率 $\chi^{(5)} = 2i2N\mu^6 \exp(im_i\varphi)/(\hbar^5 \varepsilon^2 d_1) + |G_{3S}|^2/d_3 + G^2/(d_{31}^3 d_3 d_{31})$ 是由 E_3、$E_{3'}$ 和 E_2 引起的；由光子带隙 PBG 决定周期的能量结构为 $G_{3S}^2 = |G_3|^2 + |G_{3'}|^2 + 2G_3 G_{3'} \cos(2k_3 z)$ [137]。其他参数定义为 $d_1 = \Gamma_{21} + i\Delta_1$；$d_2 = \Gamma_{23} + i(\Delta_1 + \Delta_2)$；$d_3 = \Gamma_{01} + i(\Delta_1 - \Delta_3)$ 和 $d_{31} = \Gamma_{31} + i(\Delta_1 + \Delta_2)$。此处，$\Delta_i$ 为失谐量，表示能级固有频率 Ω_i 与激光频率 ω_i 的差值。

在非线性过程中，通过求解传播方程[138]，可得 $E_{F,DF}(z,r) = E_{F,DF}(0,r)\exp i\varphi_{NLF,DF}$。$E_{F,DF}$ 表示 FWM 或 DFWM 信号。光束相位变化可以通过以下表达式给出：

$$\varphi_{NLF,DF}(z,r) = 2ik_{F,DF} n_{2E_F,DF}^{XE_i} I_i e^{-r^2} z/(n_0 I_{F,DF}) \tag{4-3}$$

这里，r 为径向长度；z 为传播距离。光束通过 Rb 原子后，其非线性相移将导致输出信号的空间分裂。特别地，将非线性相移的变化定义为横向传播方向的波矢量，表示为

$$\delta k_{F,DF} \hat{r} = (\partial \varphi_{NLF,DF}/\partial r)\hat{r} \tag{4-4}$$

其中，$\hat{r}$ 为横截面上的单位向量。根据式(4-3)，$\varphi_{NLF,DF}$ 与 n_2 相关。由此可知，EISS 是由非线性相移引起的，这意味着 EISS 将受到交叉 Kerr 非线性系数和缀饰场功率的影响。

4.2 实验装置和能级图

实验装置如图 4-1(a) 所示，非线性过程示意图如图 4-1(b) 所示。四束激光[圆频率 ω_i、波矢 k_i、拉比频率 G_i、失谐 $\Delta_i(i=1,2,3$ 和 $3')$]来源于三个外腔二极管激光器，会聚于 Rb 泡中心。Rb 泡长 10 cm，温度是 75 ℃。探测

第 4 章 缀饰光四波混频对高阶拉盖高斯光的调制

场的中心波长和耦合场的中心波长都在 780 nm 左右,而缀饰场的中心波长约为 776 nm。这里,激光束的参数定义如下:频率失谐 $\Delta_i = \Omega_i - \omega_i$,表示谐振跃迁频率 Ω_i 与电场 E_i 频率 ω_i 之差;$G_i = \mu_{jk} E_i / \hbar$,表示能量 $|j\rangle$ 与 $|k\rangle$ 之间的拉比频率,这里,j,$k = 0$,1,2,3。通过空间光调制器(Spatial light modulation,SLM)产生所需的探测光 $LG^{1,2,3}$ 和 LG_1,光的振幅如式(2-28)所示,$E_1 = A_1 [(r^2/\omega)]^{|m|} \exp^{-r^2/\omega^2} \exp(im\varphi) LG^m[(2r^2/\omega^2)]$,其中 A_1 为探测光的幅值;r 和 φ 分别为径向和角向坐标;相位项 $\exp(im\varphi)$ 表示本征螺旋相位分布。耦合光束 $\boldsymbol{E}_3$,$\boldsymbol{E}_3'$ 和缀饰场 $\boldsymbol{E}_2$ 都是高斯形状的光,不携带 OAM。当相位匹配条件 $k_F = k_1 - k_{3'} + k_3$ 或 $k_{DF} = k_1 - k_{3'} + k_3 + k_2 - k_2$ 满足时,就会产生相应的 FWM(E_F) 或 DFWM(E_{DF}) 信号。Rb 原子的能级系统包括 $5s_{1/2}$ 的基态 $[F = 2(|0\rangle)$ 和 $F = 3(|1\rangle)]$ 以及激发态 $[5p_{3/2}, F = 3(|2\rangle)]$。$E_1$ 用于激发 $|1\rangle$ 到 $|2\rangle$ 的能级跃迁,而 $\boldsymbol{E}_3$ 激发 $|0\rangle$ 到 $|2\rangle$ 的能级跃迁[图 4-1(c)],这两个场均参与产生 FWM。引入的缀饰场 $\boldsymbol{E}_2$ 是高斯光束,激发 $|3\rangle$ 和 $|2\rangle$ 能级跃迁[见图 4-1(d)],产生 DFWM。FWM 和 DFWM 的产生过程应分别遵守 OAM 守恒性质,即,$m_F = m_1 - m_{3'} + m_3$ 和 $m_{DF} = m_1 - m_{3'} + m_3 + m_2 - m_2$。两者的区别在于 DFWM 额外引入一束缀饰场 $\boldsymbol{E}_2$。FWM 或 DFWM 的角向因子 m 须与探测场一致。当无缀饰场和有缀饰场时,由于 $\boldsymbol{E}_3$ 和 $\boldsymbol{E}_{3'}$ 对探测场的 Bragg 反射分别产生 FWM 或 DFWM,FWM 或 DFWM 的径向因子也必须与探测场一致[137]。

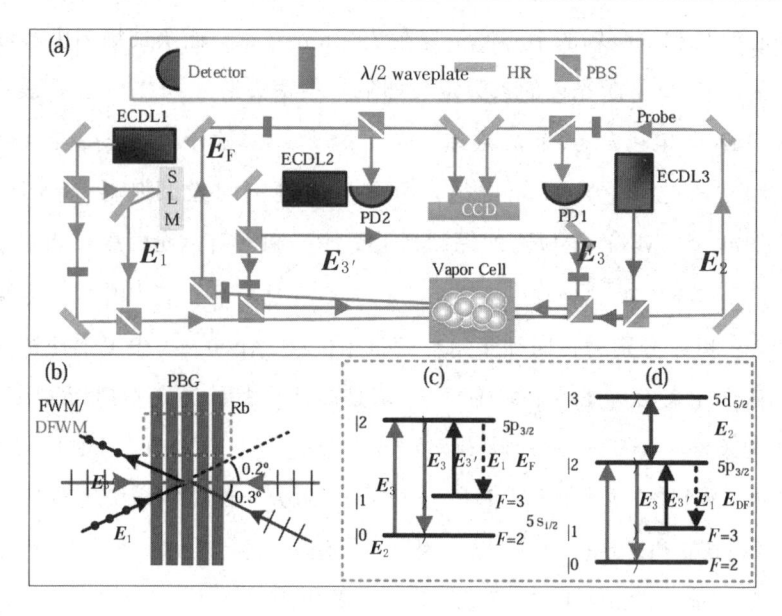

图 4-1

(a) 实验装置图。HR— 高反镜(high reflection mirror)，
PBS— 偏振分束镜(polarized beam splitter)。(b) 工作原理图。
PBG 结构是由两束反向传输的光 E_3 和 $EE_{3'}$ 产生的。
DFWM 需要引入额外的场 E_2。
蓝色点和蓝色线分别表示 s 和 p 偏振。(c)FWM 的能级图。(d)DFWM 能级图

利用 PBS 可以得到透射方向为 p 偏振的电场矢量，即电场矢量平行于入射平面的分量；在反射方向上的 s 极化平面波的电场矢量与入射平面正交。为了方便得到探测光谱信号和光斑信号，使用 PBS 将产生的 FWM 或 DFWM 信号分成两部分。一部分将探测光和 FWM/DFWM 信号送入光电探测器 (photodiode detector，PD)PD1 和 PD2 分别进行光谱记录，而另一部分则被送入 CCD 进行相应的图像记录。

4.2 实验结论和分析

首先在 Λ 系统($|0\rangle - |2\rangle - |1\rangle$)中研究 LG_1^1 失谐 Δ_1 固定在 80 MHz 时，Δ_3 频率失谐从 40 MHz 增加到 120 MHz 的四波信号变化，如图 4-2(a)所示。当满足 EIT 条件 $\Delta_1 - \Delta_3 = 0$ 时，FWM 的强度达到最大值。根据轨道角动量守

第 4 章 缀饰光四波混频对高阶拉盖高斯光的调制

恒 $m_F=m_1-m_3+m_{3'}$ 可知，LG_1 的四波信号[参见图 4-2(a)中的 FWM 图像]径向(p)和角向信息(m)是从探测光传递来的[参见图 4-2(a)中的角向信息]。然而，由于原子吸收不均匀和交叉 Kerr 效应，输出信号 E_F 是一个不完美的分裂的面包圈形状。为了简单起见，本章只考虑来自 E_3 和 $E_{3'}$ 的交叉 Kerr 效应。根据式(4-1)进行模拟得到 $n_{2E_F}^{XE_F}$，如图 4-2(a)中红线表示。由式(4-4)可知，横波矢量 δk 随位置的变化而变化，表现为光斑的空间变化。此外，式(4-4)说明 δk_F 与所产生的 FWM 信号 I_F 强度成反比。所以，在 $\Delta_3=80$ MHz 时，FWM(I_F) 的强度比其他失谐点更强，而分裂则稍弱[图 4-2(a)-(d)]。

图 4-2(b)～(d)分别为 LG_0^1，LG_0^2 和 LG_0^3 作探测光时的四波信号变化过程。当 $p=0$ 时，随着径向指数 m(从 1 到 3)增大分裂更加明显。然而，分裂的数目保持稳定，不随 m 参数变化。图 4-2(a)所示五幅 LG_1 四波在 XPM 下的图像，其劈裂瓣数比 $LG^{1,2,3}$ 四波劈裂瓣数多[参见图 4-2(b)～(d)]。该结果表明，p 指数的增加可以增加分裂。一般来说，在一些应用中，如实现光交换或路由器，需要更多的分裂点。因此，接下来的实验使用 LG_1 作探测光，并在 FWM 基础上增加一束缀饰场 E_2 来研究缀饰作用下的交叉 Kerr 效应。

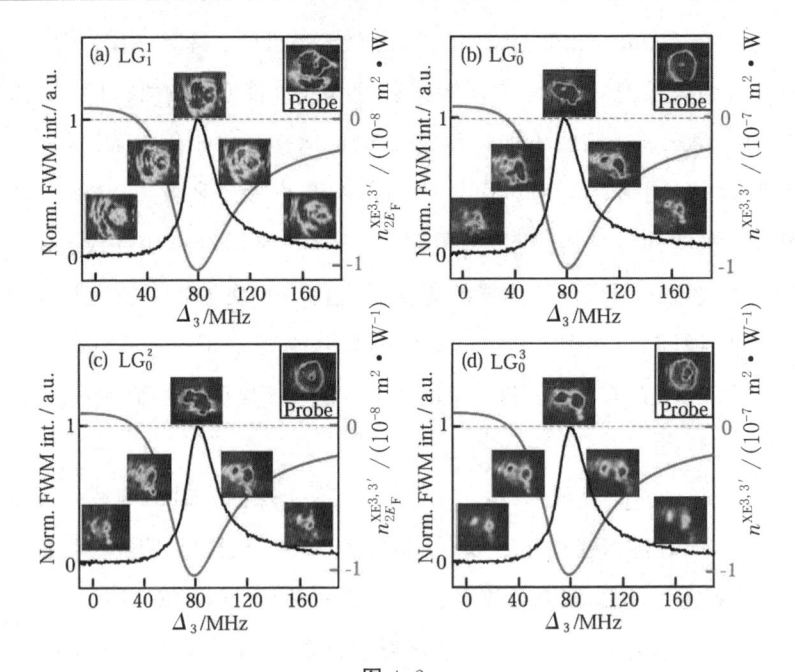

图 4-2

当探测光束为(a) LG_1^1 (b) LG_0^1 (c) LG_0^2 和(d) LG_0^3 时，
归一化 FWM 强度(黑色曲线)和非线性交叉 Kerr 系数(红色曲线)对频率失谐
的依赖关系。得到五幅具有代表性的强度图像，以显示 FWM 信号的演化过程。
插图是探测光束的图像。这里 E_1、E_3 和 $E_{3'}$ 的输入功率分别为 1，14，6 mW

与图 4-2(a) 的 FWM 情况相比，当 Δ_1 设置为 40 和 80 MHz 时，LG_1^1 的 DFWM 横向分裂更加剧烈[图 4-3(a) 和图 4-3(b)]，与图 4-3(c) 中的 $\Delta_1 = -40$ MHz 相反。分裂瓣数多少与场 $E_{3,3',2}$ 产生的 δk 有关[134]。当频率 Δ_1 是 40 MHz 或 80 MHz 时，$n_2^{XE2} \Delta_2$ 约在 130 Hz 到 -20 MHz 时，是负值[图 4-3(a) 和图 4-3(b) 中的红线]。在 $\Delta_1 = -40$ MHz 时，n_2^{XE2} 在 $\Delta_2 > 10$ MHz 时为正值(见图 4-3(c) 中的红色曲线)。在实验中，缀饰场 E_2 与 E_{DF} 重叠。当式(4-2) 中 $n_{2E_{DF}}^{XE3,3',2} < 0$ 时，$\delta k_{DF} > 0$，E_2 与 E_{DF} 发生排斥作用[图 4-3(b) 框内示意图]，分裂明显[138]；当 $n_{2E_{DF}}^{XE3,3',2} > 0$ 时，现象与 $n_{2E_{DF}}^{XE3,3',2} < 0$ 时相比，信号有非对称性[图 4-3(c) 中的框内示意图]，所以在 $n_{2E_{DF}}^{XE3,3',2} > 0$ 处分裂不明显。在实验中，DFWM 的涡旋分布不均匀是由于探测光束的不完美、增强的 Kerr 非线性、原子的均匀吸收、E_3 和 $E_{3'}$ 产生的泵浦效应以及光束间准直过程带来

第 4 章 缀饰光四波混频对高阶拉盖高斯光的调制

的误差造成的[139]。

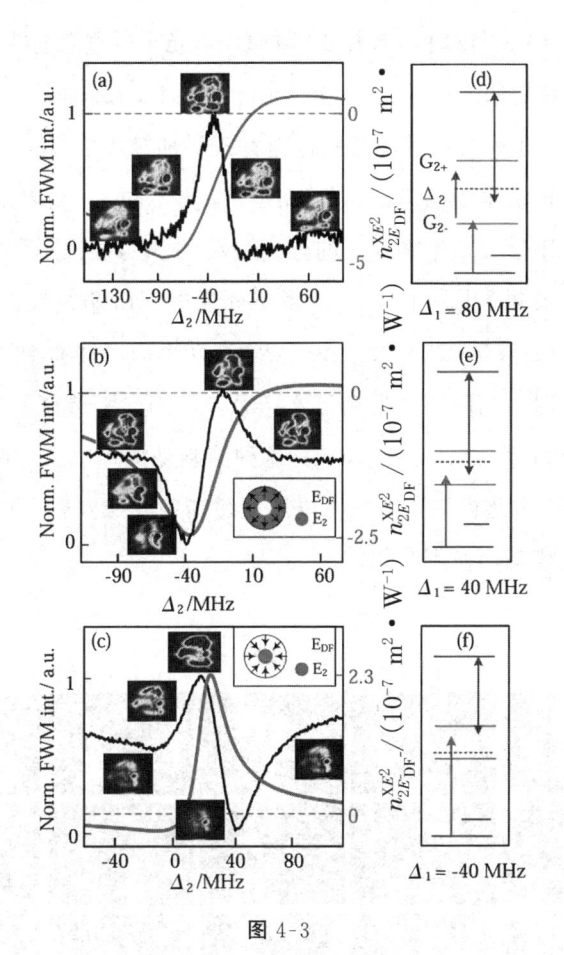

图 4-3

DFWM 强度（黑色曲线）和非线性交叉 Kerr 系数 n_2^{XE2}（红色曲线）与频率失谐的关系

(a) 当 $\Delta_1 = 80$ MHz 时，缀饰增强；

(b) 当 $\Delta_1 = 40$ MHz 半抑制半增强；

(c) 当 $\Delta_1 = 80$ MHz 时，半增强半抑制；

(d)、(e) 和 (f) 分别为 (a)、(b) 和 (c) 的相应能级图。缀饰场功率为 14 mW

当失谐改变时，分裂行为也会随之改变。缀饰场 E_2 将导致能级 $|2\rangle$ 分裂到为两个具有新的本征值 $\lambda_\pm = (\Delta_2 \pm \sqrt{\Delta_2^2 + 4G_2^2})/2$ 的能级[140]。通过控制频率失谐 Δ_1，系统将随着 Δ_2 的变化经历三种状态的变化。

(1) 当 $\Delta_1 = 80$ MHz 时，探测光在满足全增强条件下 $\Delta_1 + \lambda_- = 0$ 与能级

$|G_{2-}\rangle$ 发生共振。DFWM 的强度在 λ_- 时增强[参见图 4-3(a)]。

(2) 当 $\Delta_1 = 40$ MHz 时，随着 Δ_2 增加，双光子过程首先满足抑制条件 $\Delta_1 + \Delta_2 = 0$，然后满足增强条件 $\Delta_1 + \lambda_+ = 0$，如图 4-3(b) 所示。

(3) 当 $\Delta_1 = -40$ MHz 时，信号将随着 Δ 增加经历恰好相反的过程，即，先满足抑制条件再满足增强条件，如图图 4-4 为不同 E_2 功率下，E_{DF} 受到缀饰场的纯抑制作用。大功率条件下的分裂瓣数[图 4-4(a) 和图 4-4(b)] 大于小功率条件下的分裂瓣数[图 4-4(c)]。由于介质的三阶非线性极化率，其非线性折射率与光强($I_2 = P/S$)有关。Δn_2 会随着功率的增加而增加，并导致非线性相移增加。同时，当频率失谐满足 $\Delta_1 = \Delta_2 = 0$ 时，双光子共振使 DFWM 信号强度受到纯抑制[图 4-4(a) ~ (c)]。这种抑制是由式(4-2)中的增强缀饰项 $|G_2|/d_2$ 引起。由此可知，功率可以控制缀饰四波的分裂个数，频率失谐可以将子光斑从亮状态切换到暗状态。

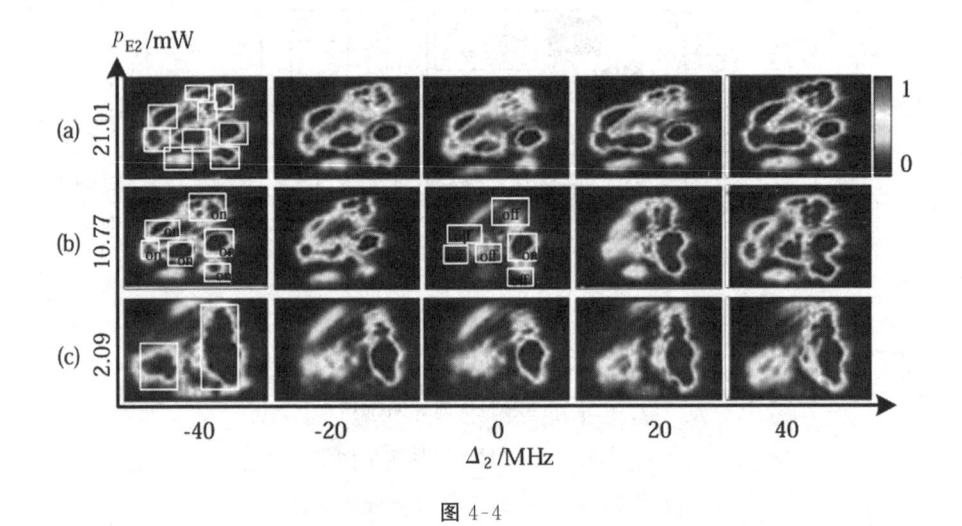

图 4-4

(a-c) 是 LG$_1$ 的 DFWM 光斑随着缀饰场的失谐 Δ_2 的变化过程，对应的缀饰场 E_2 功率为 2.09, 10.77, 21.01 mW。E_1, E_2, E_3, $E_{3'}$ 场产生旋涡 DFWM 的功率分别为 1.2, 13, 9, 7 mW

由图 4-3 和图 4-4 可知，子光斑的明暗程度受 E_1 和 E_2 频率的影响，分裂瓣数与 E_2 功率有关。由此，可以通过改变缀饰场 E_2 的功率 P_{E2}、E_1 的失谐

Δ_1 和 E_2 的失谐 Δ_2 来灵活地调控缀饰四波子光斑,实现对单个子光斑的独立控制。缀饰四波空间劈裂为多个子光斑的现象,为实现多通道路由器的光开关提供了一种方法。在 $P_{E2} \geqslant 10$ mW、$\Delta_1 \geqslant 0$ 的条件下,可获得明显的多个子光斑,实现多通道[见图4-3(a)～(b)、4-4(b)]。将每个亮的子光斑定义为亮状态,将暗的子光斑定义为暗状态。通过改变 Δ_1,可以将多点从亮(on)状态切换到暗(off)状态[图4-4(b)中的第一幅图和第三幅图],可应用于多通道路由器的光开关。转换对比度定义为 $\eta = (I_{on} - I_{off})/(I_{on} + I_{off})$,$I_{off}$ 是在关闭状态的光强。该参数由 DFWM 的强度决定。实验的对比度约为 80%～88%,参数信道均衡比 $K = \sqrt{\sum_{1}^{Ns-1}(S_i - S)^2}/S$,用于测量劈裂效果,其中 S 为其中一个将要劈裂的光斑的面积,S_i 为其他劈裂光斑的面积,N_s 为劈裂数。K 值越高,光开关路由器的稳定性和平衡性越好[134]。当 $\Delta_1 = 40$ MHz 时,K 接近 90%。

使用 LG_1^1 做探测光产生的 DFWM,可以实现多通道路由器的光开关,其优点是分裂数显著。可以通过调节缀饰场的功率和频率失谐来控制通道数和开关功能。实验中分别采用声光调制器(AOM)和电光调制器(EOM)对频率失谐和功率进行调制。AOM 和 EOM 的响应时间分别为 10 ns 和 6 ns。原子相干响应时间为 7 ns,由式(4-2)中的 $2\Gamma_{21} + \Gamma_{01}$ 项决定。

4.3 本章小结

通过使用不同 LG 光束作探测光,研究产生的 LG 四波信号存在的 EISS 现象。根据劈裂瓣数选择 LG_1^1 作为探测场,在此基础上,通过缀饰场对产生的缀饰 LG_1^1 四波信号在劈裂程度和明暗切换上进行动态调控。通过改变缀饰场的失谐和功率可以有效控制产生的缀饰四波的强度和劈裂的光斑个数。这一结果在多通道光开关路由器中具有潜在的应用价值。

第5章 原子相干中前向和后向四波混频能量的竞争和转移

多能级系统中量子相干和原子相干引起了人们广泛的关注。由第2章可知 EIT 可以发生在 Rb 原子三能级系统中。在此基础上,研究人员开始关注原子非线性色散引起的光慢群速传播过程,如在闭合的双-ladder 系统中探测光和相位匹配的 FWM 脉冲在传播过程中转化为一对幅值和群速匹配的脉冲[51,141]。此外,在冷原子 N 形系统中吸收谱存在双缀饰态,以及 FWM 的 AT(Autler-Townes)分裂及缀饰作用也引起了人们的关注[42,142]。

在这些工作的基础上,本章研究倒 Y 形四能级原子系统中两个共存的不同的方向不同频率的 FWM 信号之间的相互缀饰作用。值得注意的是,产生的两个 FWM 信号在两个 EIT 窗口里。进一步探索两个共存 FWM 信号在慢光速传播过程中[49,50,143],若满足非线性光学过程群速匹配条件,两束四波发生竞争和能量交换[144-145]。关于两束四波关系的研究在高阶非线性光学过程,产生量子关联和量子信息过程中具有重要的物理意义。

5.1 实验装置

图 5-1(a)是由基态能级 $|0\rangle(5s_{1/2}, F=2)$、$|1\rangle(5s_{1/2}, F=3)$ 和两个激发态能级 $|2\rangle(5p_{1/2}, F=3)$、$|3\rangle(5d_{3/2})$ 形成的倒 Y 型四能级原子系统。这里,$5p_{3/2}$ 是简并能级(放大部分为其超精细结构)。实验装置如图 5-1(b)所示,三束空间准直的连续光波 E_1,E_2 和 $E_{2'}$ 之间的夹角小于 $(0.4°)$,这三束光与 E_3 成相反方向入射到原子介质中。激光光束 E_1 作为泵浦光激发 $|0\rangle$ 到 $|$

第 5 章　原子相干中前向和后向四波混频能量的竞争和转移

2⟩的能级跃迁,失谐是 Δ_1(这里, $\Delta_1 = \omega_1 - \omega_{21}$ 是能级间的频率差)。E_2 和 $E_{2'}$ 激发 |1⟩ 到 |2⟩ 的能级跃迁,失谐分别为 Δ_2 和 $\Delta_{2'}$ (其中, $\Delta_2 = \omega_2 - \omega_{21}$ 和 $\Delta_{2'} = \omega_{2'} - \omega_{21}$)。两束光通过声光调制器(AOM)后有 80 MHz 的频差 $\omega_{2'} = \omega_2 + 80$ MHz。强光 E_3 由钛宝石激光器发出,激发 |2⟩ 到 |3⟩ 的能级跃迁,对应失谐为 $\Delta_3 = \omega_3 - \omega_{32}$。在这种能级结构中,四束光同时打开($E_1$, E_2, $E_{2'}$ 和 E_3)有两个四波过程。四波信号 E_{F1} ($\propto \chi^{(3)} E_1 E_2 E_{2'}$) 叫作前向四波 FWM(forward four-wave mixing, FFWM)。产生的四波信号满足相位匹配条件 $k_{F1} = k_1 - k_2 + k'$,即能量守恒 $\omega_{F1} = \omega_1 - \omega_2 + \omega'$,可由平衡零差探测器测得。同时,产生的另一个四波信号 E_{F2} ($\propto \chi^{(3)} E_3 E_2 E_{2'}$) 叫作后向四波 (backward four-wave mixing, BFWM),满足相位匹配条件 $k_{F1} = k_1 - k_2 + k_2$ ($\omega_{F1} = \omega_1 - \omega_2 + \omega_{2'}$),BFWM 信号与 FFWM 信号呈反方向,由另一个平衡零差探测器测得。这两个四波具有不同的波长(780 nm 和 776 nm),并且它们在相反方向呈 0.3° 传输。实验中,原子气体控温在 60 ℃。激光光束 E_1(波长是 780.25 nm),E_2(波长是 780.23 nm)和 E_3(波长是 776 nm)是水平偏振,而 $E_{2'}$(波长是 780.23 nm)是垂直偏振。在这种条件下,激发的三阶极化率张量为 χ_{sspp},因此通过 PBS 的四波为垂直偏振。

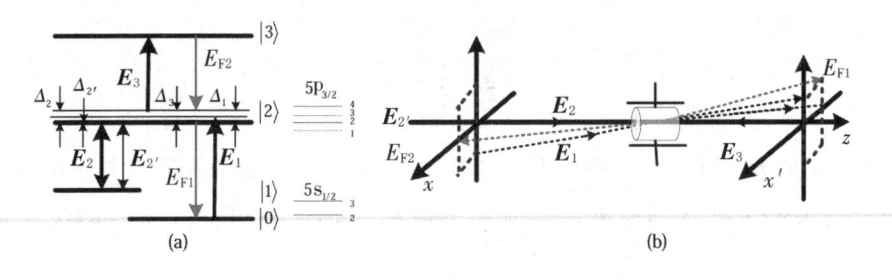

图 5-1

(a) 倒 Y 形四能级原子系统,双箭头代表激发和退激发过程;
(b) 产生 FWM 的实验装置图。参数 $G_1 = 2\pi$·35 MHz, $G_1 = 2\pi'$·4 MHz, $G_1 = 2\pi$·50 MHz

5.2　基础理论

由于 E_1 是一个强耦合场,假设原子布居在能级 |1⟩ 上,为了得到线性吸

收 $\rho_{21}^{(1)}$，可列出所有的从基态 $|1\rangle$ 到激发态 $|2\rangle$ 的激发路径，如图 5-2 所示。水平方向的箭头代表从能级 $|2\rangle$ 到 $|0\rangle$ 的跃迁。垂直方向箭头代表从能级 $|2\rangle$ 到 $|3\rangle$ 的跃迁。为了计算线性极化率 ρ_{12}，将所有路径中 ρ_{11} 考虑进去。水平和垂直跃迁分别表示为

$$r_h \equiv \rho_{12} \rightarrow \rho_{10} \rightarrow \rho_{12} = \frac{G_1^2}{\Delta_{10}\Delta_{12}}$$

$$r_v \equiv \rho_{12} \rightarrow \rho_{13} \rightarrow \rho_{12} = \frac{G_3^2}{\Delta_{13}\Delta_{12}}$$
(5-1)

此处，失谐定义 $\Delta_{12}=\Delta_2-i\Gamma_{21}$，$\Delta_{10}=\Delta_2-\Delta_1-i\Gamma_{10}$ 和 $\Delta_{13}=\Delta_2+\Delta_3-i\Gamma_{13}$。从图 5-2 中 ρ_{12} 到列表中垂直方向的下一个 ρ_{12} 过程可以表示为

$$R_v = \sum_{n=0}^{\infty} r_v^n = \frac{1}{1-r_v}$$
(5-2)

而 ρ_{12} 到列表中水平方向下一个的 ρ_{12} 过程可以表示为

$$R = r_h \sum_{n=0}^{\infty} r_v^n = \frac{r_h}{1-r_v}$$
(5-3)

用紧凑的方式来表达，则为

$$\rho_{11} \xrightarrow{G_2} \rho_{11} \xrightarrow{R_v} \{\rho_{12}\} \xrightarrow{R} \{\rho_{12}\} \xrightarrow{R} \{\rho_{12}\} \xrightarrow{R}$$
(5-4)

这里，$\{\rho_{12}\}$ 表示图 5-2 中所有出现的 ρ_{12}。将图 5-2 中所有项加起来为

$$\rho_{21} = \frac{G_2}{\Delta_{12}} R_v \sum_{n=0}^{\infty} R^n = \frac{G_2}{\Delta_{12}} \frac{R_v}{1-R_v} = \frac{G_2}{\Delta_{12} - \frac{G_1^2}{\Delta_{10}} - \frac{G_3^2}{\Delta_{13}}}$$
(5-5)

式(5-5)的 $R_v/(1-R_v)$ 项为不考虑缀饰作用时的所有激发路径的相干结果。该结果等价于基态到激发态在水平和垂直方向所有可能的路径的级数展开，即

$$\rho_{21} = \frac{G_2}{\Delta_{12}} \sum_{n=0}^{\infty} (r_h + r_v)^n = \frac{G_2}{\Delta_{12}} \frac{1}{1-r_h-r_v}$$
(5-6)

第 5 章　原子相干中前向和后向四波混频能量的竞争和转移

$$\rho_{11} \xrightarrow{G_2} \rho_{12} \xrightarrow{G_1} \rho_{10} \xrightarrow{} \rho_{12} \xrightarrow{} \rho_{10} \xrightarrow{} \rho_{12}$$

$$\downarrow G_3 \qquad \downarrow G_3 \qquad \downarrow G_3$$

$$\rho_{13} \qquad \rho_{13} \qquad \rho_{13}$$

$$\downarrow G_3 \qquad \downarrow G_3 \qquad \downarrow G_3$$

$$\rho_{12} \xrightarrow{G_1} \rho_{10} \xrightarrow{G_1} \rho_{12} \xrightarrow{G_1} \rho_{10} \xrightarrow{G_1} \rho_{12}$$

$$\downarrow G_3 \qquad \downarrow G_3 \qquad \downarrow G_3$$

$$\rho_{13} \qquad \rho_{13} \qquad \rho_{13}$$

$$\downarrow G_3 \qquad \downarrow G_3 \qquad \downarrow G_3$$

$$\rho_{12} \xrightarrow{} G_1\rho_{10} \xrightarrow{} G_1\rho_{12} \xrightarrow{} G_1\rho_{10} \xrightarrow{} G_1\rho_{12}$$

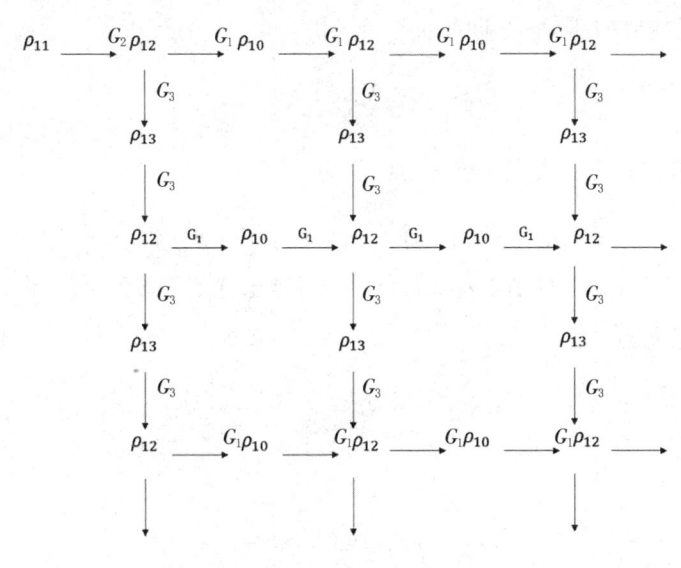

图 5-2　计算 $\rho(1)$ 的跃迁路径图

　　同样地，根据 5.1 节的实验能级图可知形成四波的有两条路径，分析其中一条路径：

$$\rho_{11}^0 \xrightarrow{E_2} \rho_{21}^{(1)} \xrightarrow{E_3} \rho_{31}^{(2)} \xrightarrow{e_2^*} \rho_{32}^{(3)} \tag{5-7}$$

$$\rho_{11}^0 \xrightarrow{E_2} \rho_{G1\pm1}^{(1)} \xrightarrow{E_3} \rho_{31}^{(2)} \xrightarrow{e_2^*} \rho_{3\pm32}^{(3)} \tag{5-8}$$

这里，$\rho_{21}^{(1)}$ 和 $\rho_{32}^{(3)}$ 下标中的 2 可以由 G_1 和 G_2 取代，表示两个缀饰场作用于不同的能级上。两个缀饰项可以表示为式 (5-9) 中括号部分：

$$\rho_{11}^0 \xrightarrow{E_2} \rho_{21}^{(1)} \xrightarrow{e_1^*} (\rho_{01}^{(2)} \xrightarrow{e_1} \rho_{21}^{(3)} \xrightarrow{e_1^*} \rho_{01}^{(3)} \xrightarrow{e_1} \rho_{21}^{(3)})$$

$$\xrightarrow{E_3} \rho_{31}^{(2)} \xrightarrow{E_{2'}} (\rho_{32} \xrightarrow{e_2} \rho_{31} \xrightarrow{e_2^*} \rho_{32} \xrightarrow{e_2} \rho_{31} \xrightarrow{e_2^*} \rho_{32}) \tag{5-9}$$

水平跃迁的两条路径分别表示为

$$r_{h1} \equiv \rho_{12} \longrightarrow G_1\rho_{01} \longrightarrow G_1^*\rho_{21} = \frac{G_1^{\ 2}}{\Delta_{01}\Delta_{21}}$$

$$r_{h2} \equiv \rho_{32} \longrightarrow G_2\rho_{31} \longrightarrow G_2^*\rho_{32} = \frac{G_2^{\ 2}}{\Delta_{31}\Delta_{32}} \tag{5-10}$$

从 ρ_{21} 到其他相邻 ρ_{21} 之间的关系为

$$R_1 = \sum_{n=0}^{\infty} r_{h1}^n = \frac{1}{1-r_{h1}} \tag{5-11}$$

· 49 ·

而从 ρ_{32} 到其他相邻 ρ_{32} 之间的关系为

$$R_2 = \sum_{n=0}^{\infty} r_{h2}^n = \frac{1}{1-r_{h2}} \tag{5-12}$$

同样用紧凑的方式表达该过程，则为

$$\rho_{11}^0 \xrightarrow{E_2} \rho_{21}^{(1)} \xrightarrow{r_{h1}} \{\rho_{21}\} \xrightarrow{r_{h1}} \cdots \{\rho_{21}\} \xrightarrow{e_2^*} \rho_{31}^{(3)} \xrightarrow{r_{h2}} \rho_{32}^{(3)}) \tag{5-13}$$

这里，$\{\rho_{21}\}$ 和 $\{\rho_{32}\}$ 分别表示式(5-9)中所有出现的 ρ_{12} 和 ρ_{32}。将式(5-9)中所有项加起来为

$$\rho_{21}^{(1)} = \frac{G_2}{\Delta_{12}} R_1 = \frac{G_2}{\Delta_{12}} \frac{1}{1-r_{h1}} \tag{5-14}$$

和

$$\rho_{31}^{(2)} = \frac{G_3}{\Delta_{31}} \rho_{21}^{(1)} \tag{5-15}$$

根据以上微扰链求解密度矩阵元的方法，还可以得到

$$\rho_{32}^{(3)} = \rho_{31}^{(2)} \frac{G_2}{\Delta_{32}} R_2 = \rho_{31}^{(2)} \frac{G_2}{\Delta_{32}} \frac{1}{1-r_{h2}} \tag{5-16}$$

进一步结合公式(5-15)和(5-16)得到三阶密度矩阵元

$$\rho_{32}^{(3)} = \frac{G_2}{\Delta_{12}} \frac{G_3}{\Delta_{31}} \frac{G_2^*}{\Delta_{32}} R \tag{5-17}$$

其中，R 代表两个缀饰过程的所有跃迁项，其表达式为

$$R = R_1 R_2 = \left(\sum_{n=0}^{\infty} r_{h1}^n\right)\left(\sum_{n=0}^{\infty} r_{h2}^n\right) = \left(\frac{1}{1-r_{h1}}\right)\left(\frac{1}{1-r_{h2}}\right) \tag{5-18}$$

实验中当四束光同时打开，探测场微扰链如式(5-19)所示。在缀饰作用下，探测场受到了 E_1 和 E_3 的缀饰作用，可以表示为式(5-22)。FFWM 由微扰链式(5-20)可得，密度矩阵元 $\rho_{20}^{(3)}$ 的表达式为式(5-23)。BFWM 的缀饰微扰链为式(5-23)，$\rho_{32}^{(3)}$ 表达式为式(5-24)。产生的两个四波信号在不同的 EIT 窗口，分别对应 Λ 系统 $|0\rangle-|1\rangle-|2\rangle$ 和 Ladder 系统 $|1\rangle-|2\rangle-|3\rangle$。FFWM 信号($E_{F1}$，$\rho^{(3)}$)存在于 EIT 窗口 $\Delta_1-\Delta_2=0$ 中，BFWM 信号(E_{F2}，$\rho^{(3)}$)存在于 $\Delta_2+\Delta_3=0$ 的 EIT 窗口中。

$$\rho_{11}^{(0)} \longrightarrow \rho_{21}^{(1)} \tag{5-19}$$

$$\rho_{00}^{(0)} \longrightarrow \rho_{20}^{(1)} \longrightarrow \rho_{10}^{(2)} \longrightarrow \rho_{20}^{(3)} \tag{5-20}$$

第 5 章　原子相干中前向和后向四波混频能量的竞争和转移

$$\rho_{11}^{(0)} \longrightarrow \rho_{21}^{(1)} \longrightarrow \rho_{31}^{(2)} \longrightarrow \rho_{32}^{(3)} \tag{5-21}$$

$$\rho_{21}^{(1)} \propto iG_2/(i\Delta_2 + \Gamma_{21} + G_3^2/d_{31} + G_1^2/d_{01}) \tag{5-22}$$

$$\rho_{20}^{(1)} \propto -iG_1G_2G_2^*/[(i\Delta_1 + \Gamma_{20} + G_3^2/d_{30})^2(i(\Delta_1 - \Delta_2) + \Gamma_{10})] \tag{5-23}$$

$$\rho_{32}^{(3)} \propto -iG_2G_3G_2^{*\prime}/[d_{31}(i\Delta_2 + \Gamma_{21} + G_1^2/d_{01})^2(i\Delta_3 + \Gamma_{32} + G_1^2/d_{30})] \tag{5-24}$$

这里，$d_{31} = i(\Delta_2 + \Delta_3) + \Gamma_{31}$；$d_{30} = i(\Delta_1 + \Delta_3) + \Gamma_{30}$；$d_{01} = \Gamma_{01} + i(\Delta_2 - \Delta_1)$。

5.3　实验结果和分析

挡住 E_1 和 E_3，通过扫描探测场的失谐 Δ_2，探测光信号 E_2 光谱中出现的宽吸收坑可以表示为 $\rho^{(1)} = iG_2/(i\Delta_2 + \Gamma_{21})$。打开光 E_1 和 E_3，E_2 的吸收坑在 $\Delta_2 = 0$ 附近出现两个小的 EIT 峰[图 5-3(a)][146]。通过改变失谐 Δ_1 和 Δ_3 可以将两个 EIT 峰分开。用缀饰效应去描述探测场 E_2[31, 143, 147-148]，其表达式为式(5-22)。式(5-22)中 $G_3/[(i(\Delta_2 + \Delta_3)) + \Gamma_{31}]$ 项引起了在位置 $\Delta_2 + \Delta_3 = 0$ 处的 EIT 峰，引起在 $\Delta_2 - \Delta_1 = 0$ 处的 EIT 峰。这两个子峰互相靠近至 $\Delta_1 = \Delta_2 = -\Delta_3$ 处便重合。这两个 EIT 窗口分别影响前、后四波的效率。在系统 |1⟩—|2⟩—|3⟩ 中，BFWM 信号[图 5-3(c)]落在 EIT 窗口 $\Delta_2 + \Delta_3 = 0$ 里，它与 E_2 方向相反且具有的较高强度。类似地，在 |0⟩—|1⟩—|2⟩ 能级中，FFWM 信号(E_{F1})[图 5-3(b)]落在 EIT 窗口 $\Delta_2 - \Delta_1 = 0$ 里，它的方向与 E_2 一致，且具有一定强度。在 FFWM(E_{F1}) 和 BFWM(E_{F2}) 过程中，光束 E_2 和 E_2 起相反的作用，分别决定了 FFWM 和 BFWM 的传输方向。BFWM 信号比 FFWM 信号大 10 倍，所有 FFWM 信号的噪声比 BFWM 信号的噪声明显。由于 E_3 的内缀饰作用产生的 AT 分裂，BFWM 信号附近有一些小的波纹出现。

图 5-3

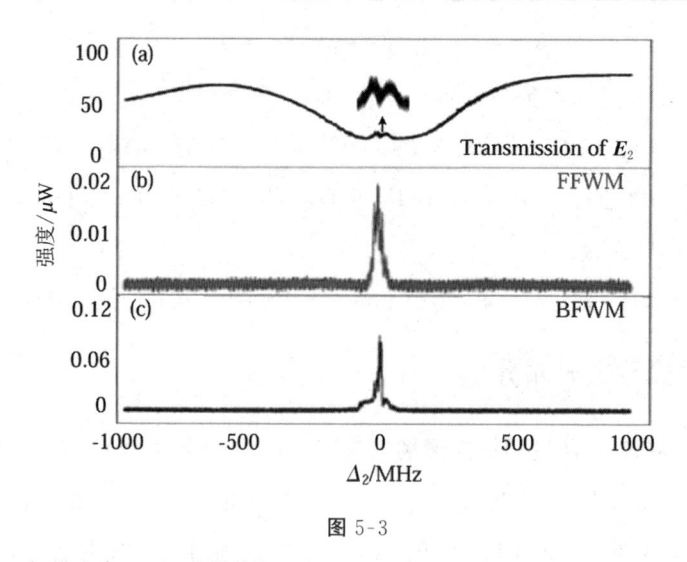

(a) 扫描光束 E_2 的透射谱线；(b)FFWM(E_{F1})；信号(c)BFWM(E_{F2})信号

5.3.1 缀饰效应

在系统 $|1\rangle-|2\rangle-|3\rangle$ 中，当 BFWM(E_{F2}) 落在 EIT 窗口 $\Delta_2+\Delta_3=0$ 中，研究场 E_1 的失谐 Δ_1 对 BFWM(E_{F2}) 光束的作用。图 5-4 的背景曲线包括二阶荧光信号[由 $\rho_{22}^{(2)}=-G_1/[\Gamma_{20}+i\Delta_1+G_3/(\Gamma_{30}+i(\Delta_1+\Delta_3)\Gamma_{22}))$ 表示]和 BFWM 信号(由 $\rho_{32}^{(3)}$ 表示)。背景曲线发生 AT 分裂，AT 分裂主要包括 BFWM 的抑制坑和荧光信号的抑制坑。BFWM 和荧光信号均在 $\Delta_1+\Delta_3=0$ 处产生抑制坑。通过模拟 $\rho_{22}^{(2)}+\rho_{32}^{(3)}$ 得到的曲线如图 5-4(d)~(f) 所示。由于 $\rho^{(2)}$ 的抑制项为 $G^2/[(\Gamma_{30}+i(\Delta_1+\Delta_3)]$ 和 $\rho_{32}^{(3)}$ 的抑制项为 $G_1^2/[(\Gamma_{30}+i(\Delta_1+\Delta_3)]$，抑制坑出现的位置始终在 $\Delta_1+\Delta_3=0$ 处。为了理解 AT 分裂(BFWM 信号上的坑随着失谐变化)，本章分析了 BFWM 信号的传输。考虑 E_1 的缀饰效应，同时忽略 E_2 和 E_3 的自缀饰作用，此时 BFWM 过程可以由式(5-24)给出。由式(5-24)可知，分母中存在 $i(\Delta_2+\Delta_3)+\Gamma_{31}$ 项，由此可得，BFWM 在 EIT 窗口 $\Delta_2+\Delta_3=0$ 时的强度最大，如图 5-4(b) 和(e)所示。由耦合场 E_1 决定的缀饰项 $G_1^2/[i(\Delta_3+\Delta_1)+\Gamma_{30}]$ 在 BFWM 背景上的窗口 $\Delta_1+\Delta_3=0$ 处引起了缀饰坑。此外，在 BFWM 的背底上有 E_3 导致 AT 分裂的抑制坑。AT 分裂强度可以通过改变失谐 Δ_2 或者 E_1 和 E_3 的功率实现。通过设定固定的失谐值 Δ_3 然后改变失谐 Δ_1，BFWM 最大的效率出现在 $\Delta_1+\Delta_3=0$ 处，并且随着频率远离共

第 5 章　原子相干中前向和后向四波混频能量的竞争和转移

振逐渐减小。如图 5-4 所示，当 $\Delta_3 = 200$ MHz，AT 分裂的坑出现在 $\Delta_1 = -200$ MHz 处，BFWM 达到最大值[见图 5-4(a)]。第二个 AT 分裂坑位置在 $\Delta_1 = \Delta_3 = 0$ MHz 处[见图 5-4(b)]。当 $\Delta_3 = -200$ MHz，第三个 AT 分裂出现在 $\Delta_1 = 200$ MHz 处[见图 5-4(c)]。

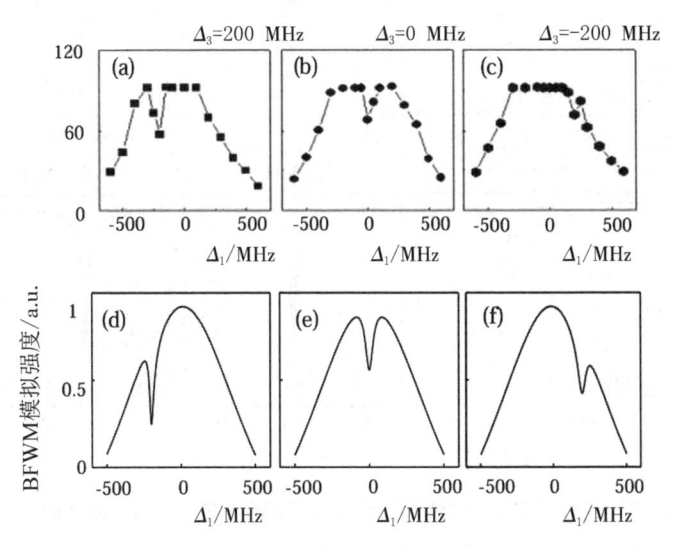

图 5-4 通过改变 E_1 的失谐 Δ_1，后向四波(E_{F2})的强度变化

(a)(d)$\Delta_3 = 200$ MHz，(b)(e)$\Delta_3 = 0$ MHz，(c)(f)$\Delta_3 = -200$ MHz

同样地，当 FFWM(E_{F1}) 落在子系统 $|0\rangle - |1\rangle - |2\rangle$ 的 EIT 窗口 $\Delta_1 - \Delta_2 = 0$ 时，通过改变频率失谐 Δ_3，来研究 E_3 对 FFWM 过程的作用。结果发现 FFWM(E_{F1}) 的强度保持稳定，其中有一个抑制坑一直出现在曲线上面的 $\Delta_1 + \Delta_3 = 0$ 位置。考虑到 E_3 的缀饰作用，并忽略 E_2 在四波里自缀饰作用，FFWM 可以表示为式(5-23)。抑制坑是由式(5-23)中的缀饰项 $G_3^2/[i(\Delta_1 + \Delta_3) + \Gamma_{30}]$ 引起的。当该项为 0 时，是 FFWM 强度的背底。图 5-5(a)～(c)是 FFWM 强度的实验结果。图 5-5(d)～(f)是模拟的 FFWM 的强度。图 5-4 表明了模拟结果很好地与实验结果吻合。在 FFWM 上，这个抑制坑出现在 $\Delta_1 + \Delta_3 = 0$ 处，Δ_1 是固定可调的失谐点，通过改变失谐 Δ_3 可得到相应抑制坑。类似于图 5-4 中 AT 分裂。图 5-23(a)～(c)显示，当 Δ_1 分别为 -200, 0, 200 MHz 时，抑制坑出现的位置分别在 $\Delta_3 = 200, 0, -200$ MHz。

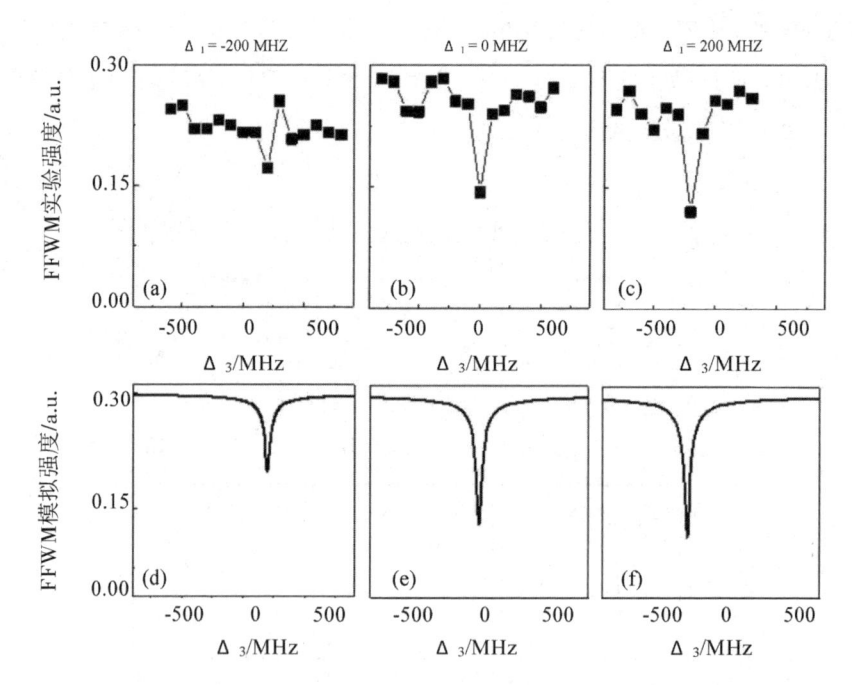

图 5-5 通过改变 E_3 的频率失谐 Δ_3，FFWM 信号（E_{F1}）强度的变化
(a)(d)$\Delta_1 = -200\text{ MHz}$，(b)(e)$\Delta_1 = 0\text{ MHz}$，(c)(f)$\Delta_1 = 200\text{ MHz}$

5.3.2 能量转移

接下来研究原子相干过程中，FFWM 和 BFWM 信号之间的能量转移。为了更好地理解 FFWM(E_{F1}) 和 BFWM(E_{F2}) 的能量转移，本章用到下列四波传输公式：

$$\frac{\partial G_{F1}}{\partial z} = \mathrm{i} k_{F1} \chi_{F1}^{(1)} G_{F1} + k_{F1} \chi_{F1}^{(3)} G_{F2} G_1 (G_3)^* \quad (5\text{-}25)$$

$$\frac{\partial G_{F2}}{\partial z} = \mathrm{i} k_{F2} \chi_{F2}^{(1)} G_{F2} + k_{F2} \chi_{F2}^{(3)} G_{F1} G_3 (G_1)^* \quad (5\text{-}26)$$

这里，$\chi_{F1}^{(1)}$，$\chi_{F1}^{(3)}$ 和 $\chi_{F2}^{(1)}$，$\chi_{F2}^{(3)}$ 表示产生 FFWM 和 BFWM 的第一阶、第三阶非线性极化率。

根据式(5-27)和密度矩阵元(5-28)~(5-31)：

$$\chi = N\mu\rho/\varepsilon G \quad (5\text{-}27)$$

第5章 原子相干中前向和后向四波混频能量的竞争和转移

$$\rho_{20(F1)}^{(1)} = \frac{iG_{F1}}{\Gamma_{20} + i\Delta_1 + \dfrac{G_3^2}{\Gamma_{31} + i(\Delta_1 + \Delta_3)} + \dfrac{G_1^2}{\Gamma_{00}}} \tag{5-28}$$

$$\rho_{20(F1)}^{(3)} = \frac{-iG_1 G_{F1} G_3^*}{\left(\Gamma_{20} + i\Delta_1 + \dfrac{G_3^2}{\Gamma_{31} + i(\Delta_1+\Delta_3)} + \dfrac{G_1^2}{\Gamma_{00}}\right)^2 \left[\Gamma_{30} + i(\Delta_1+\Delta_3) + \dfrac{G_3^2}{\Gamma_{30} + i\Delta_1}\right]} \tag{5-29}$$

$$\rho_{32(F2)}^{(1)} = \frac{-iG_{F2}}{\left(\Gamma_{20} + i\Delta_1 + \dfrac{G_3^2}{\Gamma_{31} + i(\Delta_1+\Delta_3)} + \dfrac{G_1^2}{\Gamma_{00}}\right)^2 \left[\Gamma_{30} + i(\Delta_1+\Delta_3) + \dfrac{G_3^2}{\Gamma_{30} + i\Delta_1}\right]} \tag{5-30}$$

$$\rho_{32(F2)}^{(3)} = \frac{-iG_1^* G_{F2} G_3}{\left(\Gamma_{22} + \dfrac{G_3^2}{\Gamma_{32} + i\Delta_3} + \dfrac{G_1^2}{\Gamma_{02} - i\Delta_1}\right)^2 \left(\Gamma_{02} - i\Delta_1 + \dfrac{G_1^2}{\Gamma_{22}}\right)\left[\Gamma_{32} + i\Delta_3 + \dfrac{G_3^2}{\Gamma_{22}}\right]} \tag{5-31}$$

得出非线性极化率的表达式分别为 $\chi_{F1}^{(1)} = N\mu_{20}\rho_{20(F1)}^{(1)}/(\varepsilon_0 E_{F1})$；$\chi_{F2}^{(1)} = N\mu_{32}\rho_{32(F2)}^{(3)}/(\varepsilon_0 E_{F2})$；$\chi_{F1}^{(3)} = N\mu_{20}\rho_{20(F1)}^{(3)}/(\varepsilon_0 E_{F1})$；$\chi_{F2}^{(3)} = N\mu_{32}\rho_{32(F2)}^{(3)}/(\varepsilon_0 E_{F2})$。

式(5-25)(5-26)表明 FFWM(E_{F1}) 和 BFWM(E_{F2}) 在传输过程相互影响。其右侧的第一项包含了一阶非线性极化率控制传输色散和吸收行为。第二项表明由三阶非线性极化率($\chi^{(3)}$ 和 $\chi^{(3)}$)引起的增益耦合项决定了前后四波的能量转移。

传输项主要由 $\rho_{20(F1)}^{(1)}$ 和 $\rho_{32(F2)}^{(1)}$ 决定，而增益项主要由 $\rho_{20(F1)}^{(3)}$ 和 $\rho_{32(F2)}^{(3)}$ 决定。$\rho_{20(F1)}^{(1)}$ 和 $\rho_{32(F2)}^{(1)}$ 的缀饰项用来修正传输项，$\rho_{20(F1)}^{(3)}$ 和 $\rho_{32(F2)}^{(3)}$ 的缀饰项用来修正增益项。如图 5-3 所示，当两个 EIT 重合时($\Delta_1=\Delta_2=-\Delta_3$)，两个 FWM 过程相互缀饰，由 $\chi_{E1}^{(1)}$ 和 $\chi_{E2}^{(1)}$ 引起两个四波信号慢速匹配[34]，$\chi_{F1}^{(3)}$ 和 $\chi_{F2}^{(3)}$ 决定了 FFWM(E_{F2}) 和 BFWM(E_{F1}) 中可以发生能量转移。

FFWM(E_{F1}) 和 BFWM(E_{F2}) 信号在相反的方向传输，它们共用光场 E_2 和 E_2'。由于相互竞争和相干作用，在相同的传输距离后到达平衡态[图 5-6(b1)~(b2)]。随着 Rb 泡温度的上升，原子密度的增加改变了介质吸收，因此，两个四波过程的相互作用长度随着温度上升而增加[145,149-150]。当图 5-3 中两个 EIT 峰在 $\Delta_1=\Delta_2=-\Delta_3$ 处重合时，改变 Rb 泡的温度，结果发现在温度低于 90 ℃ 时，随着温度上升，BFWM(E_{F2}) 信号强度在增加[图 5-6(a2) ～ (c2)]，而 FFWM(E_{F1}) 开始增加然后下降最后保持稳定[图 5-6(a1)-(c1)]。该现象表明 FFWM 和 BFWM 信号之间的能量转移。如图 5-6 所示，能量转移分为两个过程，第一个过程是探测光与产生的四波(包括 FFWM 和 BFWM 信号)满足探测光的群速度 v_{probe} 等于产生四波的群速度 $v_{\text{equivalent}}$ 时，两者之间的能量交换[151]。更为具体的说，当温度范围在 60 ℃ 以下时，随着 Rb 泡温度的上升，由于吸收外界电场能量，BFWM(E_{F2}) 和 FFWM(E_{F1}) 的强度增加。第二个阶段是脉冲匹配条件 $v_{\text{gF1}} = v_{\text{gF2}}$ [$v_{\text{gF1}} = c/(1+\omega_{F1}(\partial\chi_{F1}/\partial\omega_{F1})/2)$，$v_{\text{gF2}} = c/(1+\omega_{F2}(\partial\chi_{F2}/\partial\omega_{F2})/2)$] 满足时，FFWM 和 BFWM 信号之间能量转换。这里，v_{gF1} 和 v_{gF2} 分别是 FFWM 和 BFWM 的群速度。BFWM(E_{F2}) 从 $G_3 G_1^*$ 吸收外界能量，如式(5-26)第二项所示，而 FFWM(E_{F1}) 从 $G_1 G_3^*$ 处吸收外界能量，见式(5-25)。在 60 ℃ 到 90 ℃ 之间，FFWM(E_{F1}) 和 BFWM(E_{F2}) 不仅从外面吸收能量，它们相互之间还发生能量转移。由式(5-25)的 $\chi_{F1}^{(3)} G_{F2}$ 耦合项和式(5-26)中的 $\chi_{F2}^{(3)} G_{F1}$ 耦合项可知，FFWM(E_{F1}) 与 BFWM 信号之间相互传递能量。随着温度增加，FFWM(E_{F1}) 的强度减小[图 5-6(a1)]和 BFWM(E_{F2}) 的强度增加[图 5-6(a2)]。图 5-6(b) 和图 5-6(c) 显示了同样的结果。最终当温度(> 90 ℃)，FFWM(E_{F1}) 和 BFWM(E_{F2}) 过程完成能量转移并且达到了平衡态[150]。不同的 EIT 窗口可以引起不同程度的能量转移。在 $\Delta_1 = \Delta_3 = 0$ 时处能量转移是最小的[图 5-6(b)]。随着失谐远离 $\Delta_1 = 0$ 和 $\Delta_3 = 0$，FFWM(E_{F1}) 和 BFWM(E_{F2}) 的能量转移增强。与 5-6(b) 相比，图 5-6(a) 或图 5-6(c) 能量转移明显增强。这是因为产生的四波过程在 $\Delta_1 = \Delta_3 = 0$ 处的多普勒的单光子吸收明显强于 $\Delta_1 = -\Delta_3 = 0$ 处的吸收。

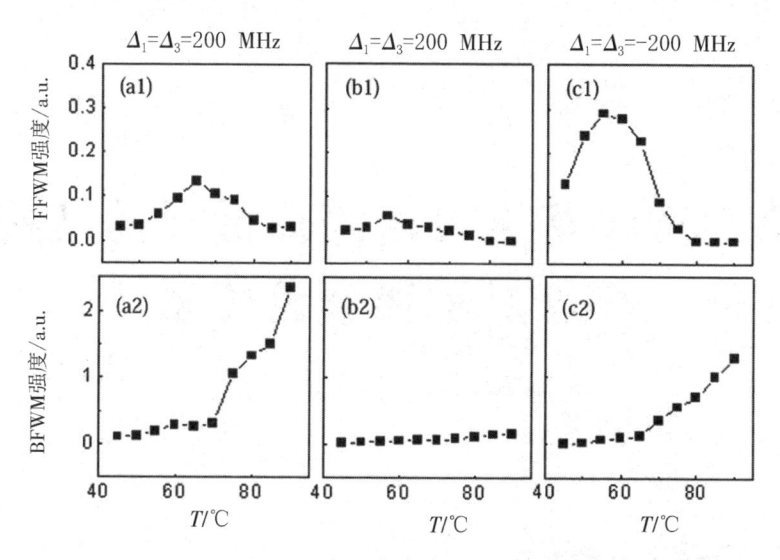

第 5 章 原子相干中前向和后向四波混频能量的竞争和转移

图 5-6 随着温度的变化，$FFWM$ 和 $BFWM$ 信号四波能量转移

$(a)\Delta_1=\Delta_2=-\Delta_3=-200\ MHz$；

$(b)\Delta_1=\Delta_2=-\Delta_3=0\ MHz$；$(c)\Delta_1=\Delta_2=-\Delta_3=200\ MHz$

5.4 本章小结

本章实验结果表明，在倒 Y 形四能级原子系统中，不同方向和不同频率的两个四波可以共存，并且两者之间还会发生缀饰效应。此外，共存的两个四波在不同 Rb 泡温度下，达到群速匹配后会发生相互作用和能量转移。

在过去几十年，人们将光与物质的相互作用与实际应用联系起来。其中微纳结构因其微型化、集成化等优势，逐渐引起人们的关注。本书不仅在第 3 章到第 5 章对理想化的原子系统对光场调控的非线性机理做了研究，还基于光与微纳结构的局域场增强在非线性光场调控中的应用做了研究。接下来的工作将从光与微纳结构的线性研究出发，进一步引入微纳结构非线性特性，并对光场进行调控。

第6章 基于表面等离激元的结构色显示和颜色传感

6.1 结构色显示背景

金属或介质亚波长结构在可见光波段可以支持不同的电磁模式,从而产生不同的颜色显示,即结构色。通过设计结构的几何尺寸和形状,可以灵活调控颜色。此外,结构单元尺寸均小于工作波长,因此可以实现高分辨率的显示效果。近年来,相关研究受到越来越多关注,各种结构相继被提出,如分立的纳米颗粒、金属/绝缘体/金属结构、周期结构等。产生颜色的电磁模式也多种多样,如局域表面等离激元、传输型表面等离激元、Mie 模式、Fabry-Perot 模式等。原则上,为提高结构色的单色性,需要压缩电磁模式的共振带宽,带宽越窄,颜色越鲜艳。

随着结构色研究的深入,动态结构色显示因其灵活性受到更多的青睐。现有动态结构色显示方法主要分为两种,即结合纳米结构和不同材料。利用材料自身的相变,如液晶[65-67]、相变材料[68-71]、材料氢化/脱氢[72-74]等。最近,一种使用卤化铅钙钛矿纳米结构的全光可重写彩色显示器通过辐射光和结构色不同比例的混合进行了颜色呈现[63]。然而,现有的动态色彩控制要么反应慢,要么制造工艺复杂[21,26,75]。与基于结构/材料的可调颜色相比,利用各向异性纳米结构(如十字纳米结构和矩形纳米结构)很容易实现双色显示[152-154]。这种方法源于各向异性结构固有的偏振依赖性。与此同时,还有一种利用偏振激发和检测控制结构电磁响应的方法[155]。这两种与偏振相关的机

第6章 基于表面等离激元的结构色显示和颜色传感

制在概念上类似于固有的和非固有的光学手性[156]。通过引入正交的起偏/检偏,可以利用一维金属阵列实现四种彩色显示[71]。此外,颜色信息只有通过选择正交极化的偏振组,在反射谱线才能被观察到[157]。然而,这样一个隐蔽的颜色对观测角度是很敏感的。

本章从理论上提出了一种利用铝纳米孔阵列的表面等离激元共振实现反射式颜色显示的方法。考虑到等离激元模式的偏振依赖性,采用偏振组结构可以大大提高产生颜色的单色性。在合理地设计了结构参数后,所产生的结构色可以用正交取向的偏振组呈现出来,也可以通过偏振组的不同角度将颜色信息隐蔽起来。通过控制样品的周期性、孔大小等几何参数,可以得到各种颜色。此外,当选择不同偏振角度配置时,颜色可以隐藏在大范围的观测角度下。

6.1.1 结构设计

图 6-1(a)所示为与角度相关的偏振方法及二维矩形 Al 纳米孔阵列。无论是 p 偏振还是 s 偏振光均可以在光栅基底上激发表面等离激元(SPPs)。随着衍射级数的增加,由光栅结构[159]产生的 SPP 模式具有丰富的光学特性[160-161]。从产生的颜色来看,孤立的峰状光谱有利于产生高的对比度和饱和度的光。本章只关注由(-1,0)衍射引起的最低阶 SPP 模式,它与其他高阶模式完全分离。此外,它只能由 p 偏振入射光激发。这里,所有的模拟都是使用 Lumerical FDTD 软件进行的。沿 x 轴和 y 轴采用周期边界条件,沿 z 轴采用完美匹配层(perfectly matched layer,PML)。入射光的偏振角 φ_1 相对于入射面方向为 45°,入射角 $\theta = 20°$。入射电场分为 p 偏振和 s 偏振两部分,表明只有一半的入射能量能够与 SPP 模式相互作用,即(-1,0)阶 SPP 模式。图 6-1(b)为不同偏振选择条件下的反射率计算结果。全反射光谱[图 6-1(b)中的右三角虚线]和镜面反射光谱[图 6-1(b)中的菱形实线]都发生了共振反射谷,激发 SPP 模式的中心波长为 470 nm。在较长的波段,非共振反射造成了平坦的背景曲线。另一方面,在较短波长上,全反射的能量重新分配到其他衍射级次导致全反射和镜面反射存在差异[161]。值得注意的是,对应的半高宽最大值(full width at half maximum,FWHM)始终是 17 nm,FWHM 反映了衰减寿命。与通常大于 50 nm 的局域表面等离激元共振(LSPR)模式相

· 59 ·

比[55]，17 nm 半高宽意味着有一个缓慢的衰减过程。共振反射谱谷深度与 SPP 模式的激励效率有关。SPP 在激励后会沿着界面传播，其能量将通过两个通道耗散，被金属吸收，称为吸收损耗，然后散射回远场，称为辐射损耗[98,162]。检偏片用于选择反射信号的偏振，可用琼斯矩阵数值分析频谱变化[99]。沿着 x 轴放置检偏片时，当 $\varphi_2=0°$ 时，由于 s 偏振反射在总镜面反射中被挡住，收集到的反射强度降低了一半，如图 6-1(b)中虚线圈所示。当检偏器是 y 轴平行，也就是说，$\varphi_2=90°$，此时只有 s 偏振光反射可以通过偏振片，而没有 SPP 辐射，因此，反射谱线平坦，如图 6-1(b)中的矩形虚线所示。当检偏器和偏振器的方向相互平行，也就是说，$\varphi_1=\varphi_2=45°$，非共振部分反射的波长范围重叠，共振处的反射谷变浅变小［见图 6-1(b)上三角所示］，源于 p 偏振光被挡住了。该系统 SPP 模式的辐射场保留了入射场相应部分的偏振状态。(由于只有 p 偏振入射才能激发，在 $(-1, 0)$ 模式下辐射也是 p 偏振的。)检偏器阻挡了一半的 p 偏振反射。当检偏器和偏振器的方向彼此正交时，即 $\varphi_2=135°$，则反射谱线的共振处出现一个明显峰值，非共振处的反射背景可忽略，如图 6-1(b)中的纯蓝色线所示。此外，由于反射峰与镜面反射谱线的共振反射谷都起源于 $(-1, 0)$ SPP 模式，因此它们的半高宽(full width at half maximum，FWMH)也相等。图 6-1(b)中的各个谱线的颜色是使用它们相应的光谱计算得到的，每个光谱对应一种特定的颜色。计算后，在 45°至 135°的偏振组配置下可获得鲜艳的蓝色。与之形成鲜明对比的是，在其他条件下观察到的结构色接近白色。只能在正交取向的偏振组配置下看到明显颜色信息，该结构在隐藏颜色方面有很大的潜力。

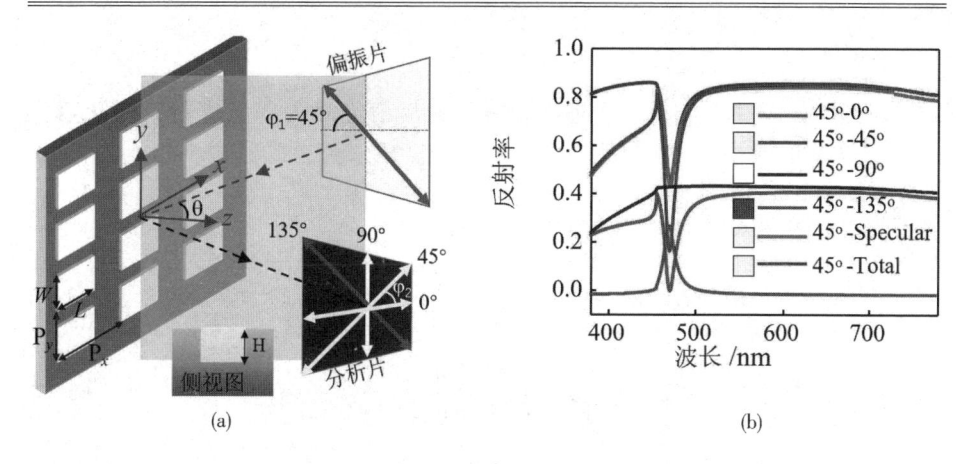

第6章 基于表面等离激元的结构色显示和颜色传感

图 6-1

(a) 铝纳米孔阵列[158]和偏振分析组结构原理图；

(b) 入射光偏振角度是 45°时，反射谱线经过不同角度的检偏片后得到的谱线。

入射角 $\theta=20°$；$45°-\varphi_2$ 表示入射光的偏振(polarizer)45°和

检偏片(analyzer)φ_2 的取向；45°-specular 和 45°-total 分别表示

镜面反射和全反射；每条线的颜色是根据其对应的反射光谱计算出来的。这里，

$P_x=340$ nm，$L=170$ nm，$P_y=200$ nm，$W=150$ nm，$H=100$ nm

6.1.2 结果与分析

为解释以上谱线演化过程，采用琼斯矩阵进行理论分析。由于金属足够厚，没有透射光，因此反射谱线的贡献来源于非共振的直接反射和 SPP 模式的辐射。假设 SPP 辐射谱线满足洛伦兹线型，且 Al 对 p 和 s 偏振光的反射率相同，则反射谱的琼斯矢量可写为如下形式[98]：

$$\frac{1}{\sqrt{2}}E_0 \begin{bmatrix} a + \dfrac{b\Gamma_{rad} e^{i\delta}}{(\omega-\omega_{res})+i\Gamma_{tot}} \\ a \end{bmatrix} \tag{6-1}$$

其中，E_0 是入射场；ω_{res} 表示共振频率；a 和 b 是直接反射和共振反射的幅值；SPP 与直接反射场的相位差为 δ；Γ_{tot} 是总衰减速率，包括吸收(Γ_{abs})和辐射(Γ_{rad})衰减速率。

$\varphi_2=0°,45°,90°,135°$ 对应的琼斯矩阵分别是 $\begin{bmatrix} 1 & 0 \\ 0 & 0 \end{bmatrix}$，$\begin{bmatrix} \dfrac{1}{2} & \dfrac{1}{2} \\ \dfrac{1}{2} & \dfrac{1}{2} \end{bmatrix}$，

$\begin{bmatrix} 0 & 0 \\ 0 & 1 \end{bmatrix}$ 和 $\begin{bmatrix} \frac{1}{2} & -\frac{1}{2} \\ -\frac{1}{2} & \frac{1}{2} \end{bmatrix}$[99]。通过偏振片的反射光对入射光进行归一化后，得到的谱线表达式分别为

$$R_{45°\text{-}0°} = \frac{1}{2} \left| a + \frac{b\Gamma_{\text{rad}} e^{i\delta}}{(\omega - \omega_{\text{res}}) + i\Gamma_{\text{tot}}} \right|^2 \quad (6\text{-}2)$$

$$R_{45°\text{-}45°} = \left| a + \frac{b\Gamma_{\text{rad}} e^{i\delta}}{2(\omega - \omega_{\text{res}}) + 2i\Gamma_{\text{tot}}} \right|^2 \quad (6\text{-}3)$$

$$R_{45°\text{-}90°} = \frac{1}{2} a^2 \quad (6\text{-}4)$$

$$R_{45°\text{-}135°} = \frac{1}{4} \left| \frac{b\Gamma_{\text{rad}}}{(\omega - \omega_{\text{res}}) + i\Gamma_{\text{tot}}} \right|^2 \quad (6\text{-}5)$$

显然，如公式(6-2)和(6-3)所示，在45°-0°偏振组配置下计算出的镜面反射$R_{45°\text{-}0°}$与在45°-45°偏振组配置下计算出的反射$R_{45°\text{-}45°}$相似，只是$R_{45°\text{-}0°}$反射幅度降低了一半。图6-1(b)中观察到的反射谷是不对称的，可以通过SPP模式的直接反射与辐射之间的干涉来解释，这是一种Fano共振。使用公式(6-5)预测的反射谱$R_{45°\text{-}90°}$与图6-1(b)中45°-90°的谱线相比，比SPP共振波长更长的波段处的数值结果非常吻合，而在较短波长范围内的偏差则由公式(6-5)中忽略的衍射项引起。值得注意的是，等式(6-5)仅包含无背景的洛伦兹型共振，证明观察到的峰与SPP共振[图6-1(b)中的蓝线]的同源性。

为进一步研究偏振响应，在入射光偏振角$\varphi_1 = 45°$的情况下，这种周期结构在不同检偏角下的色散关系如图6-2所示。当入射光的偏振角为$\varphi_1 = 45°$时，计算色散关系。为了避免激发y方向的SPP，将沿y轴的周期设置为$P_y = 200$ nm，而沿x轴的周期性设置为$P_x = 340$ nm。反射谷的形状取决于纳米结构的几何形状[98]。小孔有利于降低总衰减速率，使产生的半高宽变窄。此外，小孔还会消除腔模的影响。为了获得纯的SPP模，应在设计优化过程避免腔模和衍射模之间的相互作用。在这里，仅激发$(-1, 0)$模，图6-2中的青色虚线为衍射方程(2-39)计算所得。

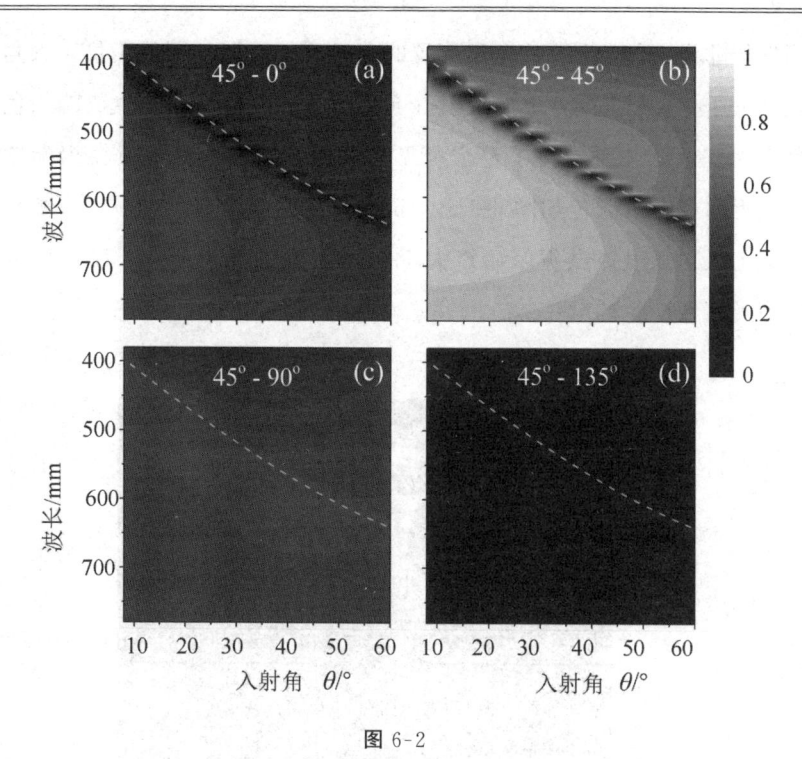

第 6 章 基于表面等离激元的结构色显示和颜色传感

图 6-2

角度-共振波长的反射谱线，入射光的偏振方向 $\varphi_1 = 45°$ 和检偏片方向呈 (a)0°(b)45°(c)90°(d)135°。用公式(2-39)计算得到的青色虚线表示(-1, 0)衍射激发的 SPP 模式。这里，$P_x = 340$ nm，$L = 170$ nm

图 6-2(a) 和 (b) 中可以清楚地看到反射谷与图 6-1(b) 一致。相反，当检偏片取向 $\varphi_2 = 90°$ 被 SPP 模式辐射的 p 偏振光完全挡住，图 6-2(c) 中不存在共振模式且反射率仅为总反射率的一半。值得注意的是，当检偏片的方向设置为 135°时，反射显示为峰而不是谷，谷的位置与 45°-0°和 45°-45°相似。借助图 6-2 计算出的青色虚线，可以看到所有峰的光谱位置与在 45°-0°和 45°-45°那些峰位置一致，表示它们与 SPP 具有同源性。与 45°-0°和 45°-45°相反，在非共振反射率背景较强的地方，45°-135°的背景可以忽略不计。

为了进一步研究颜色与入射角度的关系，需要计算反射率与入射角 θ 的关系，如图 6-3 所示。入射角度从 8°增加到 60°，间隔 4°。在可见光范围内，只激发(-1, 0)SPP 模式。图上谱线颜色为其对应的光谱计算所得的颜色。在这里使用深色渐变背景来反映彩色谱线与全反射光谱所产生的白色之间的对

· 63 ·

比。当选择非设定的起偏/检偏组配置时很难感知编码的图像信息。大角度照明下，45°-135°偏振组配置下的反射峰颜色鲜艳并发生红移。生成的颜色从紫罗兰色变为红色，几乎覆盖了整个可见光波段。同样，其他偏振组配置下依然保持接近白色，其颜色如图 6-3 上半部分反射谱线所显示的颜色。特别是对于宽范围的入射角度，共振峰始终大于 0.25。在强光下使 45°-135°偏振级可以很容易观察到产生的颜色。

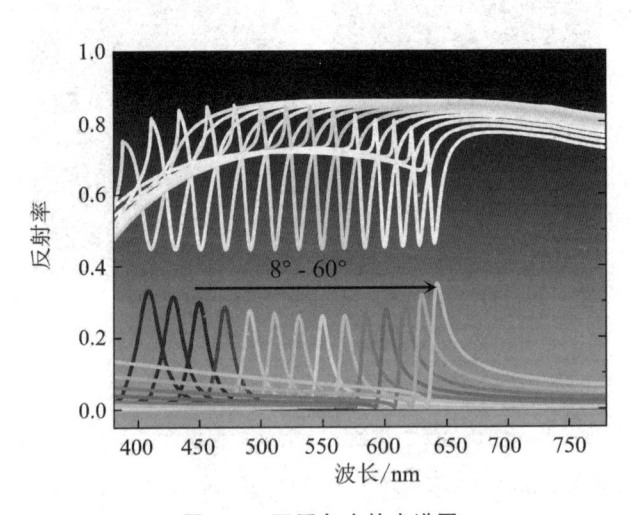

图 6-3 不同角度的光谱图

总反射率(上)和使用检偏片 45°-135°镜面反射率。

这里，$P_x = 340\ nm$。线的颜色是根据它们相应的光谱计算出来的

为了全面对比生成的颜色，如图 6-4 所示，本章研究三个周期在不同角度呈现的颜色，并进行分析。鲜艳的颜色只有在 45°-135°偏振组配置中观测到，而在其他角度配置下则看不到明显的颜色变化。此外，共振位置与周期相关，可以通过式(2-39)进行分析预测。与标准的三基色(standard red green blue，sRGB)颜色相比，要合理的设计结构得到所需的单色性(窄共振)，亮度(高反射率)和色调。结构参数为 $P_x = 340$ nm 和 $L = 170$ nm 时，生成的颜色如图 6-4(a)的下图所示，随着入射角度从 8°增至 60°，颜色从绿色扩展到蓝色区域。随着 P_x 增加到 380 nm，$L = 190$ nm，可以通过改变入射角实现可见光区域的颜色变化。进一步增加 P_x，产生的颜色局限在偏红色的光谱区域，

第 6 章 基于表面等离激元的结构色显示和颜色传感

这是因为短波段没有激发的 SPP。

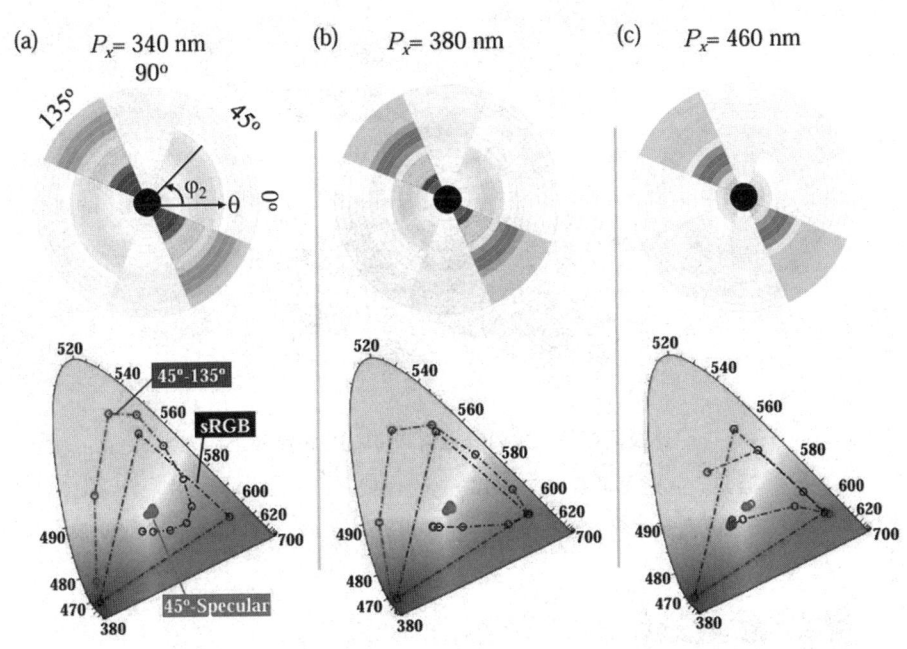

图 6-4 P_x 为 340，380，460 nm 时与角度相关的颜色

其中矩形孔的对应长度分别为 $L = 170$、190 和 190 nm。在上面的图中，径向和角向坐标分别描述入射角 θ 和检偏片的取向。在这里，θ 从 8° 每隔 4° 增加到 60°。下面的图中，将计算颜色为 45°-135°（蓝色虚线圆线）和 45° 镜面反射光谱颜色（红色圆圈点）映射在 1931CIE （international commission on illumination）色度图，黑色虚线圆线为三基色

为了实现彩色图像显示，至少需要集成三基色（红色、绿色和蓝色）。通常，具有 30 个周期的有限结构的光谱响应（例如，效率和 FWHM）与理想周期结构具有相当的光谱响应，因此，可以形成具有微型像素单元的结构。例如，当 $\theta = 20°$ 时，蓝色、红色和绿色分别出现在 $P_x = 340$、380 和 460 nm（如图 6-5 所示）。随着入射角的变化，小角度时，总色调将变成蓝色，在大角度时，则变为红色。特别重要的是，可以通过旋转偏振片使生成的颜色在彩色和白色之间进行转换，该结果在信息加密和颜色传感中有重要作用。

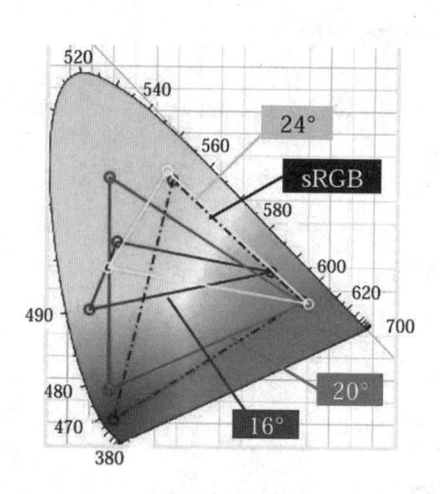

图6-5 比较周期性相关的颜色与1931CIE色度图上的sRGB

这里，入射角是固定$\theta = 16°$(蓝色圆线)、$20°$(红色圆圈线)和$24°$(黄色的圆圈线)；P_x分别为340，380，460 nm

6.2 颜色传感

有效识别特定分析物的各种解决方案对科学界和工程界都是非常重要的。基于不同的机制，目前已经研究出了各种方法来定性或定量地检测已知或未知的目标分析物。其中，由于亚波长结构周围存在强电磁场，介质环境的任何变化都会影响表面等离激元共振的近场分布，从而导致远场共振谱的变化。因此，等离激元共振的性质，如共振波长、角度、相位等，可以作为传感的特征参数[29,163-169]。特别是当共振发生在可见光范围时，光谱的变化将转化为可观察到的颜色的变化，从而可以作为传感的指标，通常称为颜色传感[29,170-172]。许多研究致力于利用各种结构来设计高灵敏度系统，如双曲超材料[173]、等离激元纳米空穴[174]、全介电质硅激元表面[175]、耦合等离激元腔[176]和银纳米柱[177]。

与其他类型的传感方法相比，颜色传感即使在不需要额外的光电器件的情况下，也可以直接、定量地指示目标的存在，其要求所产生的共振谱线局限于用可见光来表征[173,178-179]。特别是当分析物的量很少时，稀释在水溶液中溶剂的折射率变化很小。由此产生的颜色变化将很难被观察到。因此，有

第 6 章 基于表面等离激元的结构色显示和颜色传感

必要针对特定的水溶液设计一种性能优化的传感器。重要的是,要获得明亮生动的色彩,需要窄共振线宽和低背景[29]。此外,铝(Al)作为等离激元衬底显示出优越的性能,与金和银相比,它的共振覆盖整个可见光范围并且具有更长的保质期[180]。

本节在上一节基础上,提出了一种颜色检测方案,该方案利用具有周期性铝纳米孔结构产生表面等离激元来提高检测性能。通过合理选择超表面结构参数,灵活地调节表面等离激元共振,通过控制起偏器和检偏器的相对取向,实现颜色在白色和彩色间的切换。该结构可以作为一个有效的颜色传感基底。其重要意义是,根据指定折射率的溶剂来设计颜色传感,为面向特定范围的折射率颜色检测提供了一种方法。

6.2.1 颜色空间转换

Matlab 软件的脚本可以处理颜色变化。1931 年国际照明委员会(Commission Inter-nationaldeI'Eclairage, CIE)规定人眼识别的标准颜色匹配函数,$\bar{x}(\lambda)$,$\bar{y}(\lambda)$ 和 $\bar{z}(\lambda)$[181-182]。颜色显示可以通过对产生的反射谱线进行积分。三刺激值 X,Y,Z 的计算公式通过对 380~780 nm 范围进行积分,表达式如下:

$$X = \int_{380}^{780} I(\lambda)\bar{x}(\lambda)\mathrm{d}\lambda,$$

$$Y = \int_{380}^{780} I(\lambda)\bar{y}(\lambda)\mathrm{d}\lambda,$$

$$Z = \int_{380}^{780} I(\lambda)\bar{z}(\lambda)\mathrm{d}\lambda \quad (6\text{-}6)$$

这里,入射光谱是 λ。在 CIE 色度坐标中,对三刺激值 X、Y、Z 进行归一化,得到 $X=X/(X+Y+Z)$,$Y=Y/(X+Y+Z)$,$Z=Z/(X+Y+Z)$。色度坐标 x 和 y 可用于在 CIE1931 颜色空间上绘图。1931CIE 的颜色空间不是最优的,因为不同的颜色差异在空间中是不同的,而 Lab 颜色空间的任何一点的颜色变化是均匀的。Lab 色彩空间是由 CIE 于 1976 年提出的三维笛卡儿空间,自然界的任何颜色均可在此找到。这个模型以数字的方式描述了人们的视觉感知,与设备无关。Lab 的颜色坐标分别是 L 亮度;a 为正数表示红色,负数表示绿色;b 为正数表示黄色,负数表示蓝色[181,183]。它们对应的表达式为

$$L = 116 f(Y/Y_n) - 16,$$
$$a = 500[f(X/X_n) - f(Y/Y_n)],$$
$$b = 200[f(X/X_n) - f(Z/Z_n)],$$

$$f = \begin{cases} t^{1/3}, & t > \left(\dfrac{6}{29}\right)^3 \\ \dfrac{1}{3}\left(\dfrac{29}{6}\right)^2 t + \dfrac{4}{29}, & \text{其他} \end{cases} \tag{6-7}$$

其中，X_n，Y_n，Z_n 为光源的三刺激值。LChab 颜色空间是 Lab 空间坐标到柱坐标的简单映射[184]。这里，c 是饱和度，h 是色调。Lab 坐标变化到 LChab 均匀颜色坐标的过程如下：

$$c = \sqrt{a^2 + b^2}$$
$$h = \operatorname{arctan}c\left(\dfrac{b}{a}\right) \tag{6-8}$$

通过转换 LChab 到 2 维空间，如附图 B-3(b) 所示。当颜色变化时，色调和饱和度分别沿着角向和径向变化。色调通过取 0 到 360° 的数值来衡量。

6.2.2 结果与分析

式(2-39)中，由于 $|\varepsilon_1| \gg n_a^2$，激发的 $(-1, 0)$ SPP 模式对应共振波长 $\lambda(-1, 0)$ 可以近似表达为

$$\lambda_{(-1,0)} \approx n_a(1 + \sin\theta) P_x \tag{6-9}$$

当环境为真空($n_a = 1$)时，设置参数 $P_x = 300$ nm、$P_y = 200$ nm 和 $\theta = 20°$，可在 419 nm 处发生共振，这是由 $(-1, 0)$ 阶的衍射引起的。为了表征传感性能，本节将环境设置为折射率在 1.33 到 1.47 之间的水溶液。随着环境的折射率增加到 1.33，即在蒸馏水环境中，反射谷移至 550 nm。灵敏度，定义为 $\Delta\lambda/\Delta n_a$，可以得到的灵敏度为 397 nm/RIU。根据式(6-9)，灵敏度可以表示为 $S = (1 + \sin\theta) P_x$。当 $\theta = 20°$ 时，计算灵敏度是 402 nm/RIU，与仿真结果相符合。由式(2-39)可知，周期 P_x 设置在可见光范围内产生颜色比与周期性在 1 000 nm 的灵敏度更小。然而，为了表征颜色传感性能，本节将重点研究色调在颜色空间中的变化，随后通过色调变化定义品质因子(figure of merit，FOM)。进一步增加 n_a 会导致共振波长的红移，然后计算反射光谱所

第6章 基于表面等离激元的结构色显示和颜色传感

支持的颜色,如图 6-6(a) 上部所示。计算出的颜色用来着色对应的光谱。很明显,得到的颜色为白色,因此不能通过颜色来区分如此大的折射率变化。当 P_x 增加到 380 nm 时,如图 6-6(b) 的上半部分所示,也会出现类似的情况。然而,当一个取向角为 φ_2 的检偏片,放置在反射光谱的路径中,用以选择镜面反射的偏振状态,反射谱线形状会明显改变。

特别的,偏振片和检偏片正交时($\varphi_2 = 135°$),反射光谱的谱线形状从谷变成峰,且背景部分变得很小,几乎可以忽略[98,185]。同时,如图 6-6(a) 的下部所示,在共振处的半高宽不变,产生相当大的反射率。当 $n_a = 1$ 时,共振保持在 419 nm 处。保持不变的 FWHM 和谐振波长表明了谐振模式的同源性。值得注意的是,如图 6-6(a) 下半部分所示,生成的颜色从白色变为紫色。当 n_a 增加到 1.33 时,共振峰移到 550 nm,产生黄绿色。随着折射率的进一步增加,产生了鲜艳的黄红色。这种与折射率相关的颜色变化可以潜在地应用于颜色传感。

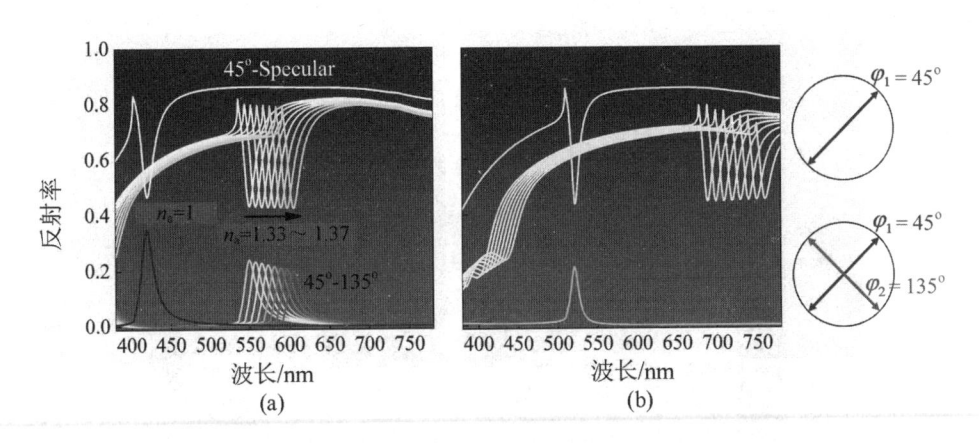

图 6-6 光谱反射率与介电环境的折射率的关系

(a)$P_x = 300$ nm

(b)$P_x = 380$ nm。右侧图表示偏振片 - 检偏片系统图。紫色是入射光的偏振方向,红色是反射光谱的偏振方向对应检偏片的角度为 $\varphi_2 = 135°$。

每条谱线的颜色即为计算得到的颜色。这里,$H = 100$ nm,$W = 150$ nm 和 $L = P_x/2$。所有模拟的结构 $P_y = 200$ nm,入射角 $\theta = 20°$,入射光偏振角为 $\varphi_1 = 45°$

当 $P_x = 380$ nm 时,共振移到较长的波长,出现了一些高阶 SPP 模式。然而，如图 6-6(b) 上半部分所示的光谱颜色，镜面反射的颜色在不同的背景环境中始终保持为白色。对比强烈的是，如图 6-6(b) 下半部所示，在 45°-135° 偏振组下产生绿 - 红 - 紫颜色。虽然由于 SPP 模式的激励效率较低，使得反射率的幅值有所降低，但只要入射光的功率足够大，与深色背景相比，可视化颜色的亮度仍然是可以接受的。值得注意的是，背景折射率越大，在约 400 nm 处会激发更高阶的 SPP 模式，最终两种模式混合形成的颜色为紫色和红色。根据式(6-6)，光栅结构的周期性对谐振谱位置影响很大。因此，周期性的变化会改变反射光谱并在可见光范围内引入新的 SPP 模式，从而导致呈现的颜色发生变化。因此，本节通过计算 45°-135° 偏振组下的镜面反射来研究周期 P_x 对生成的颜色的影响。当 n_a 从 1.33 增加到 1.47 时是一般水溶液对应的折射率范围。图 6-7 显示随着 P_x 从 260 nm 到 400 nm 颜色的变化。当 $n_a=1$ 时，对应左边第一列的颜色。随着 P_x 的增加，由于共振波长的红移，颜色从紫色变成了绿色。当 $P_x=260$ nm 时，探测响应的溶剂呈绿色。相反，随着 Px 的增加，黄色和红色逐渐显现。

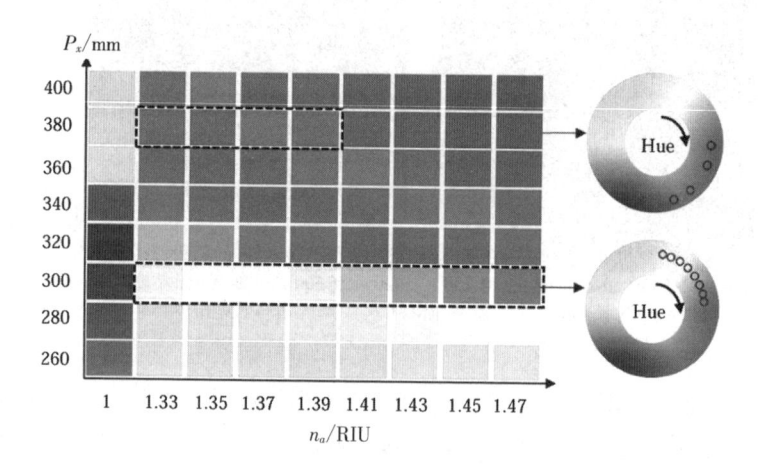

图 6-7 入射角 $\theta = 20°$ 时，不同周期下，对不同环境折射率的颜色响应图

右侧图为 LChab 颜色图，圆圈为 $P_x = 380$ nm 和

$P_x = 300$ nm 时，随着折射率的变化，呈现在 LChab 图的颜色

当入射角 $\theta=20°$，周期 P_x 从 260 nm 增加到 400 nm 的过程中，颜色与折射率的关系图如 6-7 右侧所示。该图是 LChab 色彩空间的截面图。上侧的图对

第 6 章　基于表面等离激元的结构色显示和颜色传感

应的周期 $P_x=380$ nm，下侧的图对应的周期 $P_x=300$ nm。随着介质环境的折射率 n_a 的增加，对应颜色（圆圈部分）随着黑色箭头的方向进行变化。当 $P_x=380$ nm 时，图中黑色虚线框标出的第二行颜色为颜色随着折射率从 1.33 到 1.39 的变化。由于 (−1,0) 模式的整体激发效率随着 n_a 的增加而逐渐降低，(1,0) 模式的显色贡献增大。当折射率从 1.41 增加到 1.47 时，(−1,0) 模式转移到更长的波段。所呈现的颜色变为难以分辨的紫色。这种情况在 $P_x=400$ nm 时，出现在更小的折射率 $n_a=1.35$ 处。为了定量表征该结构的传感性能，将颜色参数从 CIE 图转换为 LChab 空间。LChab 直观地反映了眼睛对颜色变化的反应，这在圆柱坐标中的任何一点颜色变化都是一致的[185]。色调值是沿着 LChab 空间的角度方向绘制的。其中，$P_x=300$ nm 和 380 nm 的颜色变化如图 6-7 的右图所示，其中，圆圈和黑色箭头分别表示 LChab 图中相应的颜色和折射率增加的方向。

相应的 FOM 定义为 $|\Delta H/\Delta n_a|$，用于的衡量颜色检测的性能。ΔH 和 Δn_a 分别表示色调的变化和折射率变化。图 6-8(a) 为 P_x 在 260～400 nm 范围内，色调与折射率的关系。$P_x=260\sim320$ nm 的小周期下，当 n_a 从 1.33 增加到 1.47 时，色调值随着折射率的变化线性下降。线性可归因于整个可见波段 (−1,0) 的单一模式激励，这与图 6-6(a) 中的反射光谱一致。当 P_x 为 380 nm 时，其对应的颜色是由绿色逐渐演变为红色，如图 6-7 右下角插图所示。然而，当 $P_x\geqslant 340$ nm 时，很明显，由于其他 SPP 模式的出现，色调变化对 n_a 的线性依赖关系被打破。当 $P_x>360$ nm 时，呈现两段下降趋势。图 6-8(b) 的直方图为提取的相应的 FOM。当 $P_x=320$ nm，绿色和蓝色具有相同的 FOM 值。当 $P_x>320$ nm 时，直方图的绿色柱表示小折射率范围的 FOM，蓝色柱表示大折射率范围的 FOM。FOM 在 $P_x<320$ nm 时稳定，如，$P_x=300$ nm 时达到 512°/RIU，超过了局部表面等离激元共振（LSPRs）支持的 212.7°/RIU[29]。相比之下，大周期对应的折射率范围为 1.33～1.39 时 FOM 值更大。这个折射率范围对应常见的溶液如水[186]、乙醇[164] 或其他水溶液[187]。当 $P_x=380$ nm 时，FOM 达到 1 175°/RIU。此外，当 P_x 继续增大至 400 nm 时，引入 (−2,0)、(1,0)、(−1,0) 等多种模式，导致颜色变化更加复杂，最大 FOM 高达 1 684°/RIU，折射率范围限制在 1.33～1.37 之

间。对于 $n_a > 1.37$，$(-1, 0)$ 模式逐渐扩展到红外范围，颜色几乎保持不变。SPP 激发模式也受入射角的影响。当 $n_a = 1.33$ 时，不同入射角的反射光谱如图 6-9(a) 和 6-9(c) 所示。图 6-9(b) 和 (d) 为 FOM 与入射角的关系。当入射角在 10°到 30°之间每变化 5°时，FOM 开始增大，在 20°时达到最大值，然后减小。对于小角度，多种 SPP 模式共存，最终呈现不同颜色。例如，随着入射角的增加，$(1, 0)$ 模式发生蓝移，$(-1, 0)$ 模式发生红移。因为其他模式移出了可见光范围，反射光谱逐渐被 $(-1, 0)$ 模式所主导，如图 6-9(a) 所示。颜色从蓝色变到绿色、黄色和红色区域。FOM 随着角度的增加而增加，当 $\theta = 20°$ 达到最大值 512°/RIU。随着入射角的进一步增大，呈现的颜色逐渐落在黄-红-紫的范围内，在 LChab 颜色空间内变化较小。入射角 $\theta > 20°$ 时，对人眼来说颜色变化与 $\theta = 20°$ 相比不太明显（见附录 B，图 B-2）。因此，相应的红移的颜色导致更小的 FOM。

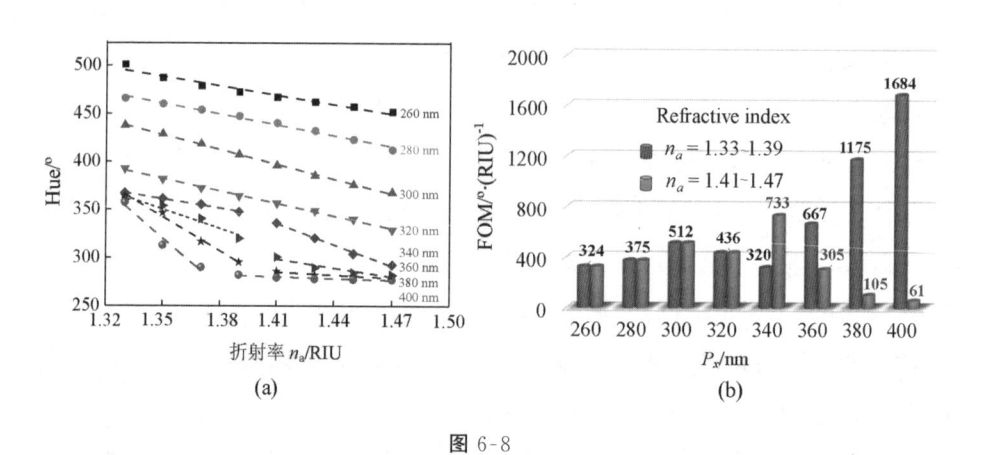

图 6-8

(a) 不同周期时，颜色色调与折射率的关系图；

(b) FOM 在两种不同折射率范围下与周期的关系；这里，$\theta = 20°$

当 P_x 增加到 380 nm 时，通过改变入射角可以得到明显的颜色变化。$(1, 0)$ SPP 模式在短波长范围内的出现对显色有很大的影响。其他高阶模态与角度有关并将参与颜色生成。与此同时，在 $\theta = 20°$，$(1, 0)$ 模式和其他 SPP 模式的间距比其他角度对应的模式间距大时，容易产生更高的 FOM，如图 6-9(c) 和 6-9(d) 所示。随着入射角的进一步增加，$(1, 0)$ 和 $(-1, 0)$ 模式

第 6 章 基于表面等离激元的结构色显示和颜色传感

的共振峰分别向短波和长波移动，甚至超出了可见光的范围。因此，角度 θ 可设置在 20°，测量折射率的范围为 1.33 至 1.39。此外，入射角和偏振片角度的误差对系统的传感性能影响可参见附录 B，图 B-2。

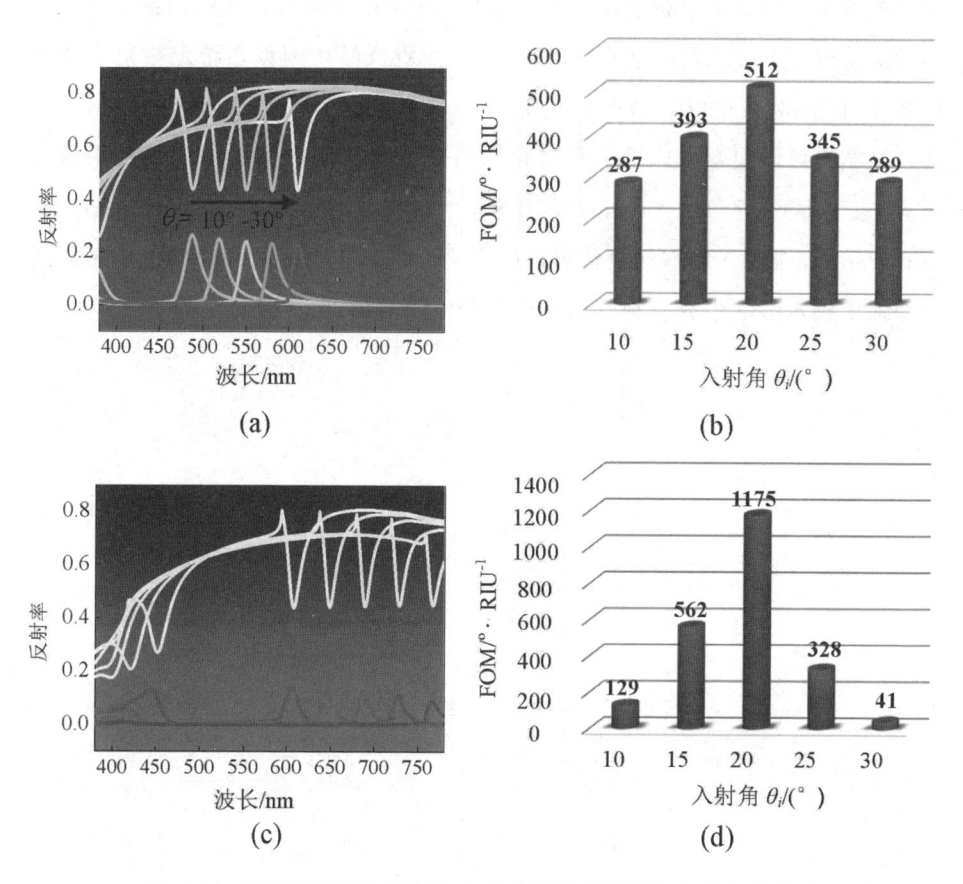

图 6-9　镜面反射和经过 45°-135°偏振组的谱线与入射角的关系

(a)P_x = 300 nm 和 (c)P_x = 380 nm，n_a = 1.33。FOM 与入射角的关系；
(b)P_x = 300 nm，n_a = 1.33～1.47 和 (d)P_x = 380 nm，n_a = 1.33～1.39

6.3　本章小结

本章理论提出了一种利用铝纳米孔阵列产生的非本征极化的反射型结构色。通过优化几何参数可以实现一个完整的颜色范围。值得注意的是，一对具有正交方向的偏振器可以有效地去除非共振反射背景，而偏白的颜色会由特定方向偏振器很好地读出,从而产生明亮的颜色。此外,通过改变入射角,使颜色变化范围涵盖三基色。利用优化的几何尺寸来设计编码颜色信息。

通过控制 P_x 和入射角 θ 可以灵活地实现明显的颜色变化并在 45°-135° 偏振组配置下读出。环境折射率从 1.33 到 1.47 范围变化时,该结构作为颜色传感的品质因子 FOM 可以达到 512°/RIU,而更低品质因数在特定折射率范围 1.33～1.39 时,可以达到 1 175°/RIU 范围,高于目前已有研究的 5 倍。此外,该结构可以很容易地满足小型化和与其他仪器集成的要求,可利用聚焦离子束 (focused ion beam, FIB)[28] 或电子束光刻 (electron beam lithography, EBL) 制作颜色传感衬底[29, 68, 188]。本章所提出的颜色传感衬底在快速鉴别水溶液中分析物方面有很大的应用前景。

第7章 基于零介电常数材料的可调谐非线性天线研究

7.1 非线性光学天线基础

光学天线可在纳米尺度上操纵和控制光场[189]。通过局域传输波的能量，光学天线可增强光与物质相互作用并应用于显微镜[190]和非线性光学[191]等领域。散射、消光和吸收截面是描述天线与入射光相互作用的参数，它们取决于感应的电磁多极子[192]，可以通过设计光学天线的几何形状和材料来控制。目前提出的各种结构可以用来控制其光学特性，例如，与Kerker效应有关的方向性辐射[19,193-194]、超散射[195-196]、超吸收[197-200]和光学隐身[201]等[202,203]。

纳米光子学领域最新发展起来的使用可调谐材料（例如石墨烯、液体晶体和相变材料）对光场的动态调制引起了人们的极大兴趣。这种动态调制的光学响应对光学和工程界都非常重要。最近，ENZ材料具有的强Kerr效应[81]可以改变光场强度影响折射率，进而改变其散射响应。有研究表明，可以通过高强度激光束动态控制非线性天线的消光、散射和吸收截面。特别是，使用ITO和铝掺杂的氧化锌作为ENZ材料，可以在实验上实现时变负折射、可调超表面、光学开关和相干完美吸收体[4,81,204-221]。目前，理论上和实验上实现了非线性天线在二次谐波和三次谐波的产生中增强非线性响应[222-226]。但是，这些非线性天线的Kerr效应不足以显著改变基波波长下天线的散射响应。

本章基于ENZ材料的强Kerr效应改变感应多极子，从而改变其散射、吸收和消光截面以及其辐射方向图，可将天线的响应从超散射的状态切换到超吸收的状态。进一步，研究由ENZ和介电材料组成的非线性天线的光学响应。通过采用多极扩展，改变激光束的强度，将天线的辐射方向图从非指向性调控到接近惠更斯源。

7.2 基于 ENZ 材料的非线性天线的光学响应

ITO 的介电常数在 ENZ 波长(1 240 nm)下为零，会导致较大的非线性响应。图 7-1(a)绘制了在 ENZ 波长下 ITO 与强度相关的折射率的实部和虚部[81,206-207]。ITO 的折射率随着强度的变化 Δn 约为 0.72，比非线性的硫化玻璃大五个数量级[81,207]。由 ITO 制成的非线性天线，如图 7-1(b)插图所示。入射的电磁场为 x 偏振方向的平面波，其中 E_0 是入射场的振幅，I_0 定义为自由空间入射光束的强度。ITO 的折射率受强度的影响，其中 $\varepsilon_{NL}(r, \omega)$ 公式为[95,207]

$$\varepsilon_{NL}(r, \omega) \approx \varepsilon_L + \sum_{j}^{3} c_{2j+1} \chi^{(2j+1)} \left| \frac{E(r, \omega)}{2} \right|^{2j} \tag{7-1}$$

式中：$\chi^{(3)}(\omega)$、$\chi^{(5)}(\omega)$ 和 $\chi^{(7)}(\omega)$ 分别是三阶、五阶和七阶非线性极化率(见参考文献[207]中的表1)；$c_3=3$，$c_5=10$，$c_7=35$ 是简并因子[95]；$E(r, \omega)$ 是 ITO 内部的电场。在低强度下($I_0=0.01\ \text{GW/cm}^2$)，ITO 的折射率由 $\varepsilon_{NL} \approx \varepsilon_L = 1 + \chi^{(1)}$ 给出。随着强度的增大，式(7-1)非线性折射率部分不可忽略，在高强度 $|E|>1.5\ \text{GV/m}$ 下饱和。

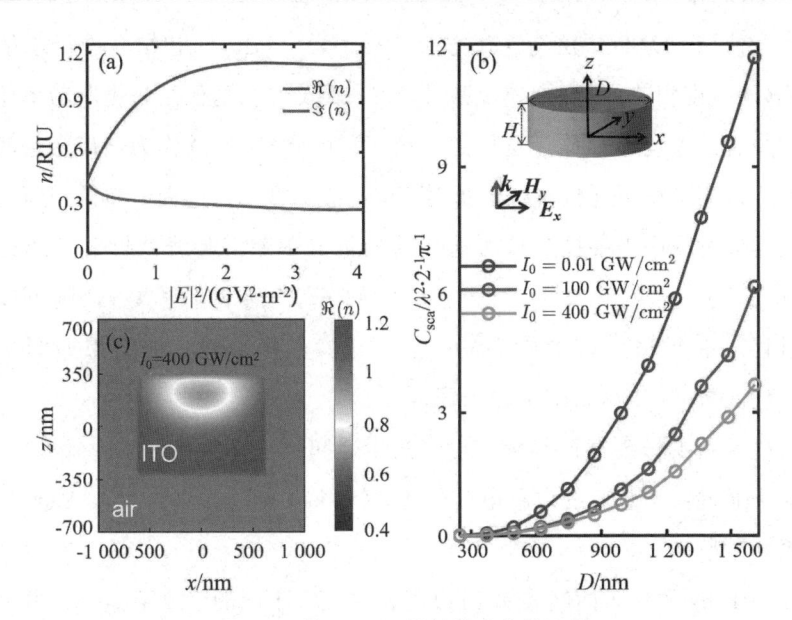

第 7 章　基于零介电常数材料的可调谐非线性天线研究

图 7-1　基于 ENZ 材料的非线性天线

(a) 在 ENZ 波长 $\lambda_{ENZ} = 1\,240$ nm 处[207]，ITO 折射率的实部与内部电场强度的关系[81]；(b) z 方向传播的 x 极化平面波照射在 ITO 天线上。ITO 圆柱的高度 H 和直径 D 关系为 $H = D/2$。不同直径的 ITO 在不同强度下的散射截面。请注意，低强度下对应的是天线的线性响应；(c) xz 平面 ($y = 0$) 在高强度下的折射率的实部

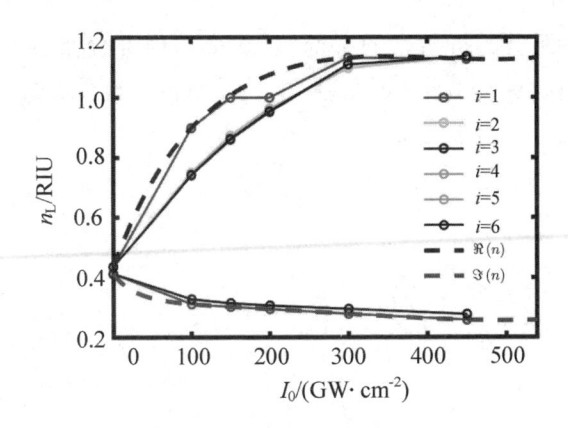

图 7-2　迭代法求得的折射率

i 为迭代次数。其中蓝色和红色虚线分别为的

图 7-1(a) ENZ 波长的实部和虚部。迭代选取的位置为 ITO 圆柱的中心点

本章使用 FDTD 方法与迭代方法(iterative method)相结合进行求解非线性方程(即强度相关的折射率)，见附录 C，图 C-1。迭代法是提取功率监视器中不同位置的电场 E 值作为迭代的变量，利用公式(7-1)作为迭代变量间的递推关系，进而求得不同位置处的折射率 n_{NL} 值，重复该过程不断得到新的折射率，在迭代过程中需要控制多次迭代后的折射率差值与线性折射率的比值小于 0.03%，即 $(n_{NL,i} - n_{NL,i-1})/n_L < 0.03\%$ (i 表示迭代次数)，则可以停止迭代过程。单个 ITO 提取中心的一点，观察其多次迭代的结果如图 7-2 所示，迭代次数 $i = 4$ 后，结果趋于稳定。

ITO 天线的散射截面是感应的多极子之和[194]（详细代码见附录 C）。感应的多极子通过使用感应的位移电流 $J_{NL}(r, \omega) = -i\omega[\varepsilon_{NL}(r, \omega) - \varepsilon_0] E(r, \omega)$ 计算得到[192, 227]。

图 7-1(b) 的三条曲线表示 ITO 圆柱在三种不同的强度下归一化散射截面随直径 D 的变化关系。随着 D 的增大，散射截面逐渐增大。在高强度下($I_0 = 400$ GW/cm^2)，散射截面约为线性响应($I_0 = 0.01$ GW/cm^2)的 1/4，这是因为高强度下的折射率接近周围的介质(空气)导致散射截面比低强度的情况要小[图 7-1(b)]。因为 ITO 内部电场 $E(r)$ 的不均匀分布，非线性折射率与空间坐标 r 有关，即 $n_{NL} = n_{NL}(r)$。图 7-1(c) 绘制高强度下 ($I_0 = 400$ GW/cm^2) xz 平面上的折射率的实部[折射率的虚部分布可参见附录 C，图 C-1(d)。当入射强度为 100 GW/cm^2 时，xz 平面上折射率实部和虚部的分布如附录 C，图 C-1(a)(b) 所示]。

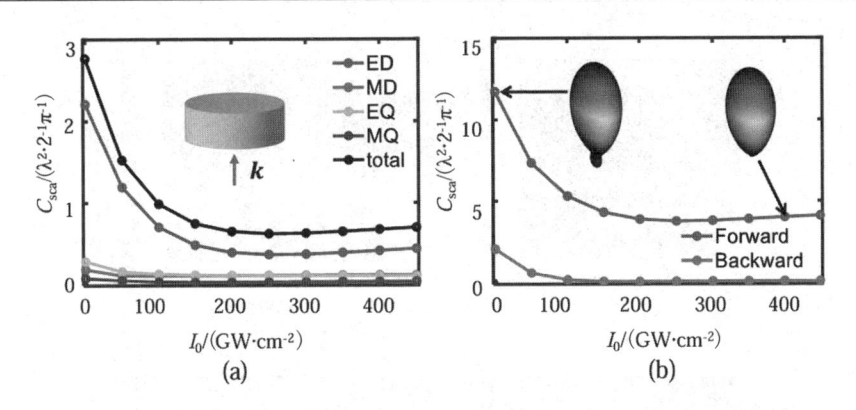

第 7 章 基于零介电常数材料的可调谐非线性天线研究

图 7-3 非线性天线的辐射方向图

(a)ITO 天线的散射截面(归一化为 $\lambda^2/2\pi$ 和不同电和磁多极子的贡献与泵浦强度的关系。多极子分别为：电偶极子(ED)、磁偶极子(MD)、电四极子(EQ)、磁四极子(MQ)。ITO 天线的几何参数为 $D = 0.8\lambda_{ENZ}(\lambda_{ENZ} = 1240\ nm)$ 和 $H = D/2$

(b) 由公式(7-2)计算得到的前向和背向散射。插图为分别在低强度和高强度下的 ITO 天线的三维远场辐射方向图

当 ITO 的结构参数为 $D=0.8\lambda_{ENZ}$ 时[即图 7-1(b)中阴影部分对应的尺寸]，散射截面(归一化为 $\lambda^2/2\pi$)以及不同的电磁多极子与泵浦强度的关系。改变入射光场的强度，内部折射率的不均匀变化引起了不同的电磁多极子激发，从而引起散射截面不同。注意，高阶多极子(八极等)的贡献可忽略不计[195-196,200,228]。通过增加泵浦光束的强度来改变每个多极子的贡献[图 7-3(a)]和前向、背向之间的散射截面比值[见图 7-3(b)]。归一化的前向和背向散射截面为

$$C_{sca}^{F/B} = C_{norm}\left| p_x \pm \frac{m_y}{c} \mp \frac{ikQ_{xz}^e}{6} - \frac{ikQ_{yz}^m}{6c} \right|^2 \tag{7-2}$$

其中，$C_{norm}=k^4/4\pi\varepsilon^2|E_0|$，$A=\lambda^2/2$。注意 ED 和 MQ 在前向和后向的电场呈现同相，而 MD 和 EQ 异相[请参见公式(7-2)中的 $\pm$]。感应的散射场的电偶极子和磁偶极子之间的发生相干和相消，所以在图 7-3(b)中，归一化前向散射部分比背向散射部分大得多。这意味着 ITO 天线的辐射方向图在高强度和低强度都呈现方向性的辐射[图 7-3(b)]。

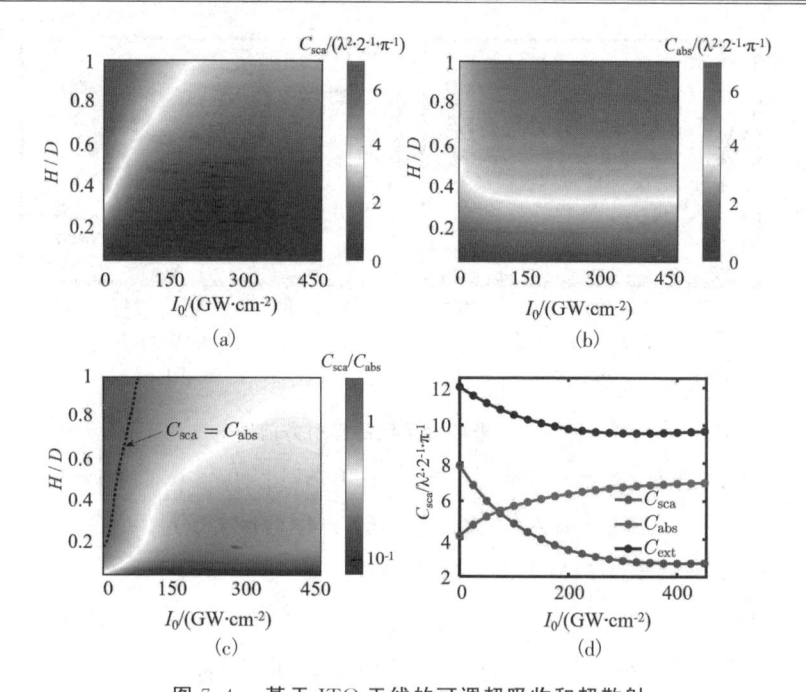

图 7-4 基于 ITO 天线的可调超吸收和超散射

(a)ITO 天线的散射截面 C_{sca}(归一化为与 ITO 归一化高度,

即 H/D 和激光束的强度 I_0 的关系,其中 D 是天线的直径;

(b)与(a)类似表示的吸收截面,即 C_{sca};(c)以对数刻度显示散射截面和吸收

截面之间的比率。黑色虚线表示散射与吸收截面相同,即 $C_{sca} = C_{sca}$;

(d)当 $H = D = 1\,200$ nm 时,散射、吸收和消光截面与强度 I_0 的关系

7.3 非线性天线中的超吸收和超散射

具有多极响应的纳米粒子的最大散射截面为 $C_{sca,j} = (2j+1)\lambda^2/2\pi$,其中 j 是多极子的阶数,例如偶极子、四极子和八极子的 $j = 1$、2 和 3[195-196, 200, 228]。对于每个极子,当粒子处于共振频率且欧姆损耗与辐射损耗相比可忽略不计时[195, 229],会发生超耦合(overcoupling)。与偶极响应相比,亚波长纳米粒子通过相同频率下不同多极的共振表现出超散射[195-196, 199-200]。与此同时,具有多极响应的纳米颗粒的最大吸收截面为 $C_{sca,j} = C_{sca,j}/4 = (2j+1)\lambda^2/(8\pi)$。颗粒满足欧姆损耗远远大于辐射损耗时,可以实现吸收的增强,即"弱耦合(weak coupling)"[195, 229]。当欧姆损耗与辐射损耗相等时,吸

第 7 章 基于零介电常数材料的可调谐非线性天线研究

收截面等于散射截面,即"临界耦合(critical coupling)"。由 ITO 圆柱制成的简单的亚波长天线,通过改变激光束的强度可以实现很大的散射(吸收)截面。图 7-4(a)~(b),分别呈现了散射截面和吸收截面与归一化高度 H/D 和激光强度的函数关系。如图 7-4(c)黑色虚线表示临界耦合。图 7-4(d)描绘了散射、吸收和消光截面与强度的关系,其中 $H=D=1\,200$ nm。这里,存在三种不同的耦合方式:① 与吸收相比,具有较大的散射截面,即 $C_{\text{sca}}^x \gg C_{\text{sca}}^x$;② 散射与吸收截面相同,即 $C_{\text{sca}}^x = C_{\text{sca}}^x$;③ 与散射截面相比,吸收截面很大,即 $C_{\text{sca}}^x \ll C_{\text{sca}}^x$。在低强度下,散射截面,$C_{\text{sca}}^x \approx 2.7'3\lambda^2/2\pi$ 大于偶极子的最大散射截面 $C^{\max} \approx 3\lambda^2/2\pi$[195-196, 199-200], ITO 天线充当超级散射体。在高强度下,吸收截面 $C^{\max} \approx 9.5'3\lambda^2/8\pi$[198-200, 230] 比偶极子吸收多[198-200, 230], ITO 圆柱在高强度下充当超吸收体。

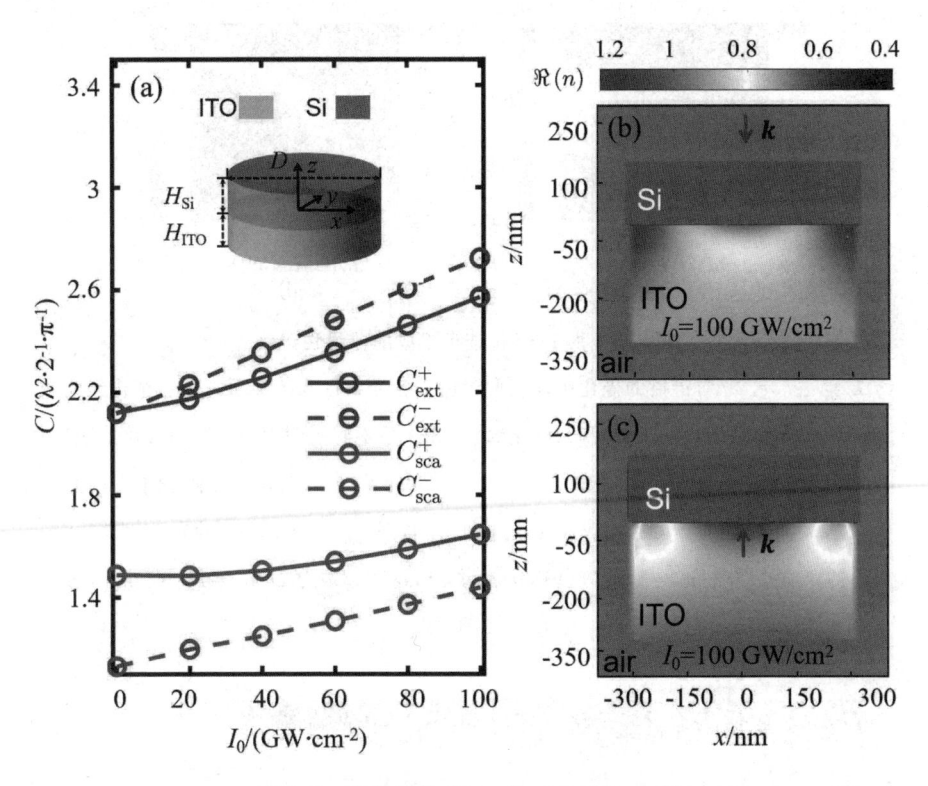

图 7-5 ITO 天线 $H=D=1\,200$ nm 时

(a),(b) 为入射强度 $I_0 = 150$ GW/cm^2 时,xz 平面($y=0$) 的折射率实部和虚部

的分布图;(c),(d)为当 $x = y = 0$ 时,z 轴方向的折射率与强度的关系

图 7-5(a),(b) 绘制了该结构对应的强度为 $I_0 = 150 \text{ GW/cm}^2$ 时的折射率实部和虚部分布图。图 7-5(c),(d) 分别为不同强度下 z 轴方向的折射率实部和虚部变化图。这一结果验证了 ITO 的 Kerr 效应引起不同位置处折射率分布不均匀的特性。

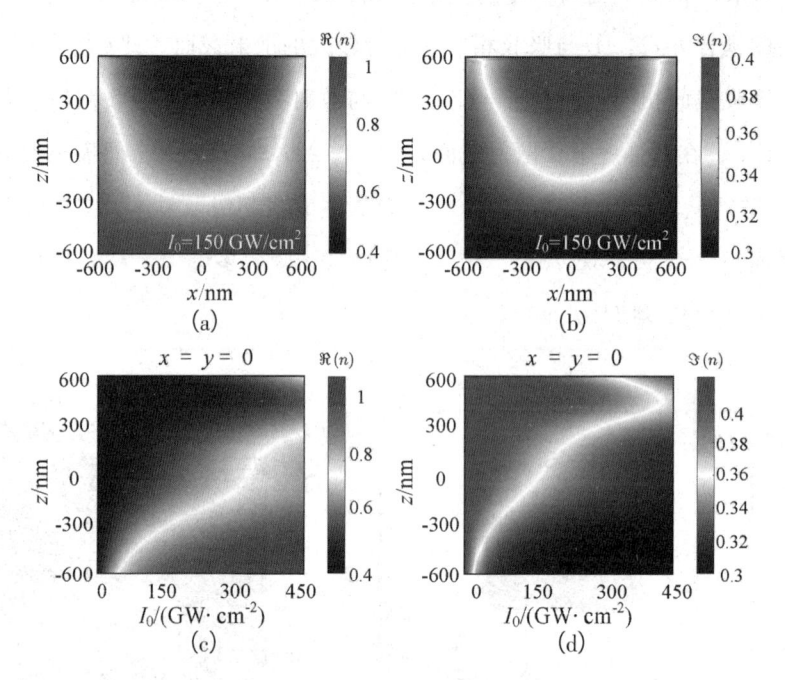

图 7-6 由 ITO 和硅盘组成的非线性天线

(a) $k = \pm k_0 e_z$ 方向传播的极化平面波照射的杂化非线性天线的示意图。杂化天线的总消光(C_{ext})和散射(C_{sca})截面(归一化为 $\lambda^2/2\pi$)是不同照明方向上泵浦强度的函数;

(b) 和 (c) 分别对应顶部($k = -k_0 e_z$)和底部($k = k_0 e_z$)入射方向,

在泵浦强度 $I_0 = 100 \text{ GW/cm}^2$ 时,xz 平面($y = 0$)中的折射率的实部;

周围的介质是空气($n = 1$),ITO 和硅盘的几何参数分别为 $D_{ITO} = D_{Si} = 620 \text{ nm}$,

$H_{ITO} = D_{ITO}/2$ 和 $H_{Si} = 150 \text{ nm}$

7.4 杂化非线性天线(ITO 和 Si)的光学响应

损耗少的高折射率介质天线有很强的电磁响应,并且具有较大散射截面[102, 231-232]。因此,要实现更大程度的控制 ITO 天线的散射特性,可以设计

第 7 章 基于零介电常数材料的可调谐非线性天线研究

出一种由 ENZ 和高折射率介电材料制成的天线。接下来，考虑由 ITO 和硅片组成的杂化非线性天线[图 7-6(a)]。由于反向对称性的破坏，杂化天线呈现出的电磁耦合表现出各向异性[233-235]。

ITO 和 Si 盘具有相同的直径 $D_{ITO}=D_{Si}=620$ nm，其高度分别为 $H_{ITO}=310$ nm 和 $H_{Si}=150$ nm，在线性条件即低强度下，天线在相反的照明方向下的消光截面是相同的[234, 236-238]。在高强度下，由于吸收（欧姆）损耗，该杂化结构的散射（吸收）截面不同、[参见图 7-6(a)]，并且杂化天线的折射率在 xz 截面有所不同[参见图 7-6(b) 和(c)]，是各向异性的[234, 238]。图 7-6(a) 显示了相反的方向 ($k=\pm k_0 e_z$) 的消光和散射截面。在图 7-6(a) 中的低强度下，消光截面向前和向后的入射情况下是相同的，即 $C_{ext}^+ = C_{ext}^-$ [234, 238]。在非线性区域内，消光截面在前向和后向的照明情况是不同的，即 $C_{sca}^+ = C_{sca}^-$。

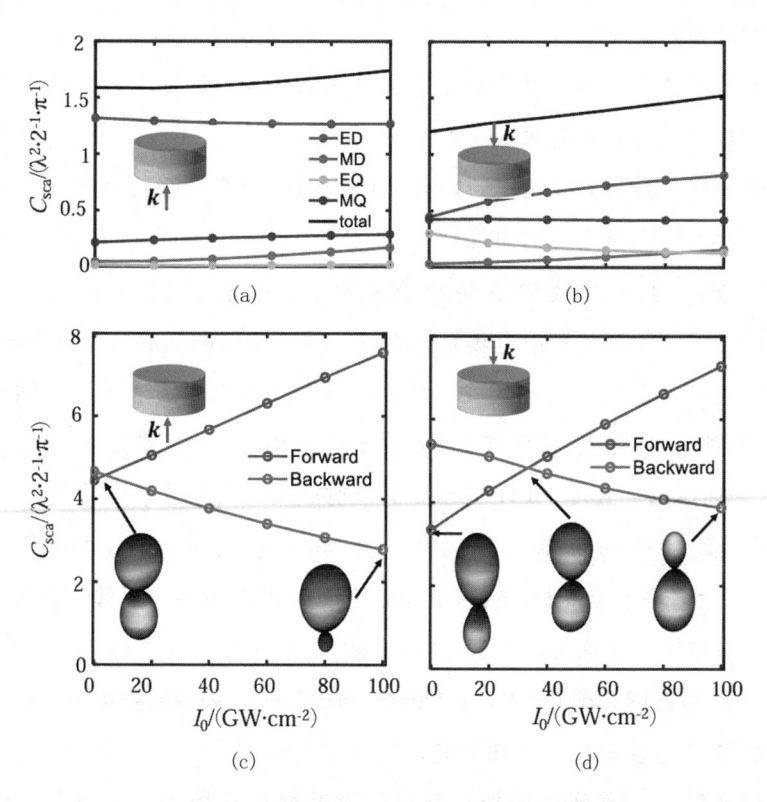

图 7-7 杂化结构非线性天线的辐射方向图

(a) 杂化天线的散射截面(归一化为 $\lambda^2/2\pi$) 以及不同电和磁多极子

的贡献与泵浦强度(底部入射方向,即 $k = +k_0e_z$)的关系

(c)根据等式(7-2)计算的归一化前向(蓝线)和背向(红线)散射截面(底部入射,即 $k = +k_0e_z$)。杂化非线性天线在底部入射时,低($I_0 = 0.01\ GW/cm^2$)和高($I_0 = 100\ GW/cm^2$)强度的三维远场辐射方向图,即 $k = +k_0e_z$)

(b),(d)顶部照明的结果图,与(a-c)为相同。对应 $k = -k_0e_z$

杂化天线由于空间不对称性[239],在高强度照射下,从相反方向照射时,它的消光截面不同[即 $C_{ext}^+ = C_{ext}^-$,参见图 7-6(a)]。图 7-6(b),(c)显示了强度在 $I_0 = 100\ GW/cm^2$ 时,在 xz 平面上的折射率分布不均匀。而且,不同照射方向的折射率也不同 $n_{NL}^+(r) = n_{NL}(r)$。天线几何形状不对称导致电磁耦合和不同的场增强。图 7-6(b),(c)显示折射率的最高点出现在 ITO 和硅盘的交界面的两侧。通过采用超快光泵浦(在飞秒至秒的时间范围内),可以实现超快可调的辐射方向图。

为了了解非对称响应和电磁耦合的基本物理原理,本章使用精确的多极展开来计算相反入射方向的感应多极子[见图 7-7(a),(b)]。感应的多极子在顶部和底部照射方向上明显不同,并且产生的电磁耦合与强度相关。首先关注底部照射(参见图 7-7(a)的插图,即 $k = +k_0e_z$),在低强度 $I_0 = 0.01\ GW/cm^2$ 下,杂化天线仅支持电偶极子(ED)和磁四极子(MQ)[见图 7-7(a)]。ED 和 MD 的散射电场是同相的,并且在前向和后向相长干涉[请参见等式(7-2)]。因此,杂化天线在低强度下的底部照射下表现出相同的后向和前向散射,因此具有相同前向和背向辐射图,即非定向辐射[见图 7-7(c)]。通过增加强度,ED 和 MQ 的散射截面的贡献几乎与强度无关[见图 7-7(a)],而 MD 的贡献逐渐增加。在非常高的强度下,即 $I_0 = 100\ GW/cm^2$,由于前向的 ED,MD 和 MQ 之间的相长(相消)干涉,获得了具有很小背向辐射图,也称为广义 Kerker 效应[参见图 7-7(c)]。考虑顶部照明[参见图 7-7(b)的插图,即 $k = -k_0e_z$)情况,图 7-7(b)表示低强度下,散射截面来源于感应产生的 ED,EQ 和 MQ,与底部照明[图 7-7(a)]相反,背向散射大于前向散射。随着强度增加,前向散射截面逐渐增大,而背向散射则减少。在 $I_0 = 25\ GW/cm^2$ 时,前向和后向的散射变得相同[见图 7-7(d)]。泵浦

第 7 章 基于零介电常数材料的可调谐非线性天线研究

光的强度变化使杂化天线的感应多极子具有较大的可调谐性,可以控制辐射方向,反之亦然[比较图 7-7(d)中三个辐射方向图,分别对应不同强度]。因此,通过使用超快光学泵浦光,可以在亚皮秒级的时间范围内将杂化天线辐射方向图从非定向性辐射转换为定向辐射(见图 7-7)。

7.5 非互易性的杂化天线

为了进一步研究 ENZ 材料和不同介质材料的电磁耦合对辐射的调控,接下来将模拟图 7-8(a)中的天线结构,该天线主要由线性材料和 ITO 杂化而成。线性材料的折射率由 n_L 从 1.4 增加到 4。如图 7-8 所示杂化天线的散射和消光截面随激光强度和线性材料折射率的变化而变化。天线由两个相反方向的 x 偏振的平面波照射。有趣的是,结果表明 $n_L = 1.4 \sim 4$ 之间任何折射率的线性材料均可以调整杂化天线的非互易响应。图 7-9 绘制不同折射率在不同强度下的消光截面和散射截面。从相反方向入射,得到的消光截面和散射截面截然不同。进一步,在此基础上,通过计算 $n_L = 1.4$、2.2、3 和 3.8 时相应的前向散射截面和后向散射截面,如图 7-10 所示,前向和背向散射截面趋势各不相同。

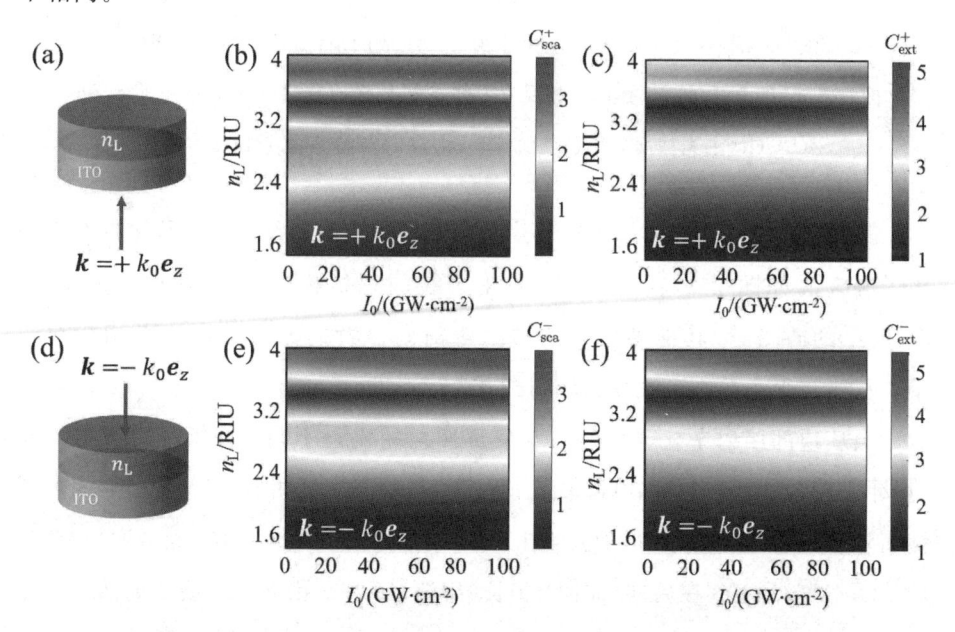

图 7-8 由 ITO 和无损耗线性介质组成杂化非线性天线原理图

基于原子相干和局域模式增强的光场调控

折射率为 n_L 的材料在 x 极化光在两个相反方向入射,即 $\boldsymbol{k}=\pm k_0\boldsymbol{e}_z$;
(b),(c) 底部照明时,散射和消光截面(归一化为 $\lambda^2/2\pi$)与入射光强度的关系;
(e),(f) 顶部照明时,散射和消光截面(归一化为 $\lambda^2/2\pi$)与入射光强度的关系

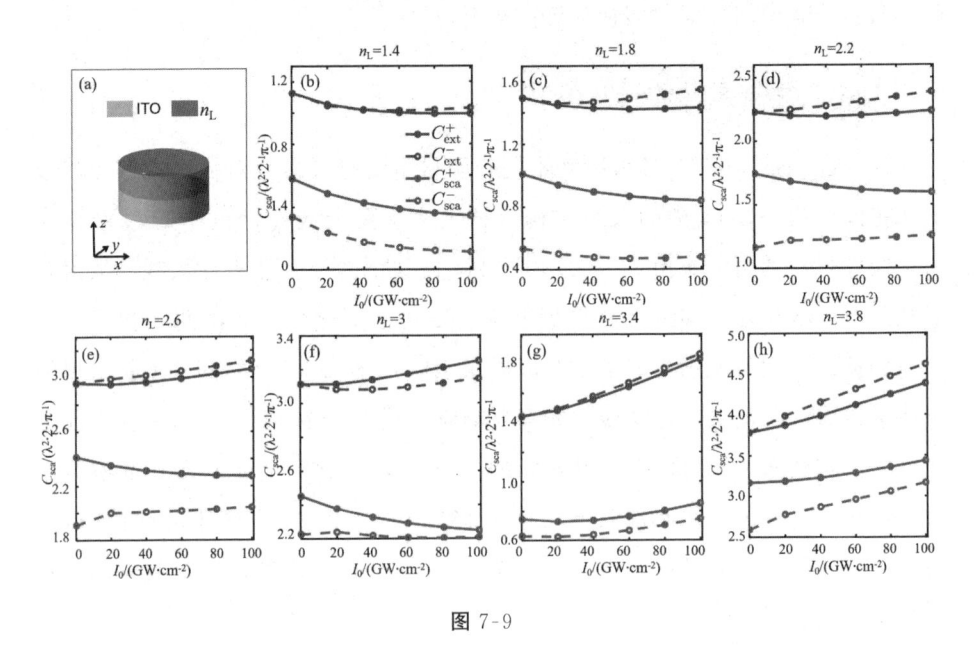

图 7-9

(a) 由 ITO 和无损线性介质材料(折射率为 n_L)组成的杂化非线性天线原理图。不同折射率 n_L 的介质材料,在两个相反方向的 x 极化平面波照射下($\boldsymbol{k}=\pm k_0\boldsymbol{e}_z$)的 (b)-(h) 消光截面和散射截面(归一化为 $\lambda^2/2\pi$)与入射强度的关系

其中,取 $n_L=1.8$ 时,观察其当从底部照射杂化天线时,天线主要有电偶极子响应,如图 7-11(a) 所示,杂化天线的辐射模式几乎是全向的[见图 7-11(c) 的插图]。其他多极子的贡献对前向、背向散射截面的影响相对较小,从而在很小幅度上改变其辐射模式。

当从顶部照射杂化天线时,与底部照射相比,不同的多极子对散射均有贡献[比较图 7-11(a) 和 7-11(b)]。然而,与底部光照相似,后向(前向)散射截面随着入射强度减小(增加)如图 7-11(d) 所示。在线性区域(低强度),产生的 ED,MD 和 EQ 在后向(前向)相长(相消)干涉。因此,天线前向散射非常小,几乎是单向的辐射图[图 7-11(d)]。当 $I_0 \approx 80\text{ GW/cm}^2$,前向和背向散

射几乎相同[图 7-11(d)]。杂化天线通过强泵浦激光控制产生的多极子响应可以调谐非定向辐射到单向辐射。此外，杂化天线由于电磁耦合的非互易性，天线呈现出非互易的辐射图。

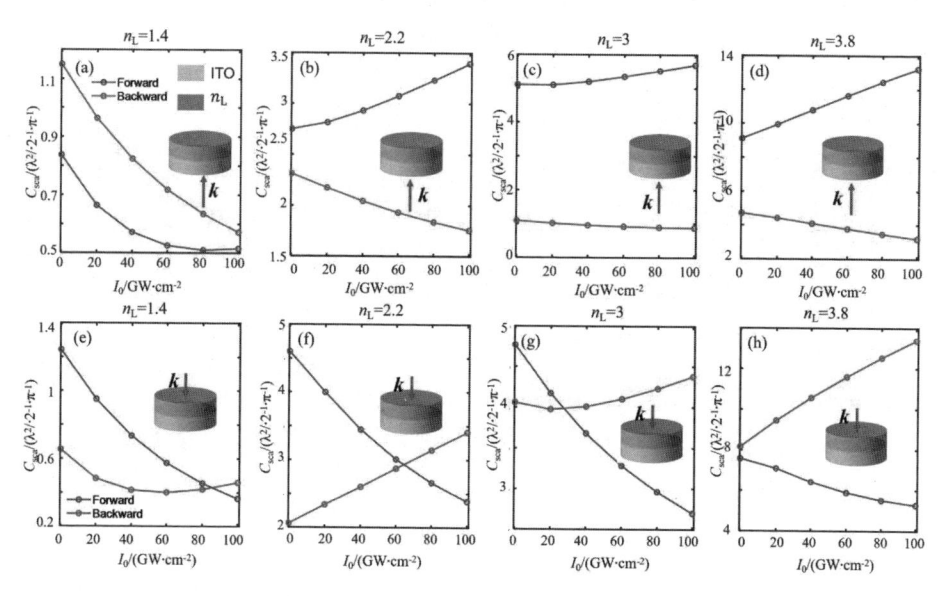

图 7-10 对于不同折射率的 n_L，当 x 偏振平面波在两个相反方向($k = \pm k_0 e_z$)入射，得到归一化的前向(蓝线)和背向(红线)散射截面与强度的关系

7.6 本章小结

本章理论研究基于ENZ材料ITO的强Kerr效应光学天线可调节吸收和散射截面以及远场辐射图。单个ITO天线激发的电磁模式对激光不敏感，其远场辐射图在不同激光强度下变化不大，但其可以动态地调节吸收、散射和消光截面，通过控制激光的强度在超吸收状态和超散射状态之间进行切换。

在此基础上本章提出了一种由ITO和硅片以及其他折射率的介电材料组成的杂化天线，其辐射方向图可以通过超快光泵浦在双向和单向辐射之间进行灵活调整。由于空间结构不对称性和ITO的强Kerr效应，当从相反方向照射时，杂化纳米天线的电磁耦合呈现非互易性，改变强度可以调谐其辐射图方向。基于感应的与强度相关的电和磁多极子之间的干涉来解释辐射图的变化。实验可通过使用的 100 fs 脉冲激光达到所需的强度[4, 81]。具有电磁响应的可调谐杂化天线可以用作构建超快可切换电磁镜[239-240]、超透镜[239]、超吸收体[229, 241]、光栅[242]和光子拓扑绝缘体[243]。此外,基于具有强 Kerr 效应的 ENZ 材料为设计可调谐纳米天线提供了一种新颖的方法。

第8章 本书总结

本书提出了利用材料自身的光学性质(如，Rb)和设计光学材料的几何特征对光场的基本特性(如，相位、偏振、动量、振幅、远场辐射等)进行调控。文中利用了非线性光学、表面等离光学、Mie 理论等研究工具，研究了光与原子的共振和光与微纳结构的谐振对光场的调控。

本书取得的创新与成果如下：

(1)研究了在 Rb 原子系统中，利用类 EIT 引起的空间自相位和交叉相位，实现在低强度下对高斯光场进行相位调制产生涡旋光。

(2)研究了 Rb 原子系统中 DFWM，利用缀饰 Kerr 效应，控制拉盖尔高斯四波信号的 EISS。通过缀饰场功率和相干场失谐调控四波信号子光斑的明暗和劈裂个数，该结果在全光多通道光开关上具有潜在应用价值。

(3)实验探讨了倒 Y 形四能级原子系统中，两个 EIT 窗口里产生的两个不同频率不同方向的共存 FWM，两个 FWM 不仅会发生相互缀饰作用，还有能量转移。该结果在研究高阶非线性光学过程，产生关联光子和量子信息过程中具有重要的物理意义。

(4)理论设计了基于铝纳米孔阵列，通过控制起偏器和检偏器的相对取向，实现颜色在白色和彩色间的切换。利用该结果设计的颜色传感，在折射率范围为 1.33～1.39(水、酒精等溶液)时，优质因数高达 1175°/RIU，该结果在快速鉴别水溶液分析物方面有很大的应用前景。

(5)理论提出了使用具有强 Kerr 效应的 ENZ 的微纳结构作光学天线，通过改变光强，进而影响局域场中不同 Mie 模式的贡献，实现光学天线在超吸收和超散射之间动态切换。进一步结合 ENZ 材料特有的电磁光学特性和介电材料的高阈值低损耗等优势，设计了一种非线性光学效应可调谐天线，动态调控其辐射方向。ENZ 和介电材料的结合为实现开发小型化、高效的非线性光学器件设计提供了有力的方法和平台。

参考文献

[1] PAN H, WONG H, KAPILA V, et al. Experimental validation of a nonlinear backstepping liquid level controller for a state coupled two tank system[J]. Control Eng Pract, 2005, 13(1): 27-40.

[2] BOLLER K J, IMAMOGLU A, HARRIS S E. Observation of electromagnetically induced transparency[J]. Phys Rev Lett, 1991, 66(20): 2593.

[3] SCHMITT-RINK S, MILLER D, CHEMLA D S. Theory of the linear and nonlinear optical properties of semiconductor microcrystallites[J]. Phys Rev B, 1987, 35(15): 8113.

[4] ALAM M Z, SCHULZ S A, UPHAM J, et al. Large optical nonlinearity of nanoantennas coupled to an epsilon-near-zero material[J]. Nat Photonics, 2018, 12(2): 79.

[5] YOUNG J F, BJORKLUND G, KUNG A, et al. Third-harmonic generation in phase-matched rubidium va-por[J]. Phys Rev Lett, 1971, 27(23): 1551.

[6] ZHANG Y, XIAO M. Multi-wave mixing processes[M]. Berlin: Springer, 2009.

[7] AKULSHIN A, BUDKER D, MCLEAN R. Directional infrared emission resulting from cascade population inversion and four-wave mixing in rubidium vapor[J]. Opt Lett, 2014, 39(4): 845-848.

[8] SAFARI A, DE LEON I, MIRHOSSEINI M, et al. Light-drag enhancement by a highly dispersive rubidium vapor[J]. Phys Rev Lett, 2016, 116(1): 013601.

[9] CHEN W, BECK K M, BÜCKER R, et al. All-optical switch and transistor gated by one stored photon[J]. Science, 2013, 341(6147): 768-770.

[10] YU X Q, XU P, XIE Z D, et al. Transforming spatial entanglement using a domain-engineering tech- nique[J]. Phys Rev Lett, 2008, 101(23): 233601.

[11] CAO M, HAN L, LIU R, et al. Deutsch's algorithm with topological charges of optical vortices via non-degenerate four-wave mixing[J]. Opt Express, 2012, 20(22): 24263-24271.

[12] ZHANG Y, CHENG X, YIN X, et al. Research of far-field diffraction intensity pattern in hot atomicRbsample[J]. Opt Express, 2015, 23(5): 5468.

[13] WANG X, CHANG T W, LIN G, et al. Self-referenced smart phone-based nanoplasmonic imaging platform for colorimetric biochemical sensing[J]. Anal Chem, 2017, 89(1): 611-615.

[14] CHENG L, ZHANG Z, ZHANG L, et al. Manipulation of aring-shaped beam via spatial self-and cross-phase modulation at lower intensity[J]. Phys Chem Chem Phys, 2019, 21(14): 7618-7622.

[15] ZIDAN M, ALLAF A W, ALSOUS M B, et al. Investigation of optical nonlinearity and diffraction ring patterns of carbon nanotubes[J]. Opt Laser Technol, 2014, 58 (2014): 128-134.

[16] MARANGOS J P. Electromagnetically induced transparency[J]. J Mod Optic, 1998, 45(3): 471-503.

[17] EIERMANN B, ANKER T, ALBIEZ M, et al. Bright Bose-Einstein gap solitons of atoms with repulsive interaction[J]. Phys Rev Lett, 2004, 92(23): 230401.

[18] KERN C, KADIC M, WEGENER M. Experimental evidence for sign reversal of the hall coefficient in three-dimensional metamaterials[J]. Phys Rev Lett, 2017, 118 (1): 016601.

[19] KERKER M, WANG DS, GILES C. Electromagnetic scattering by magnetic spheres [J]. J OptSoc Am B, 1983, 73(6): 765-767.

[20] QIU Z, BADER S D. Surface magneto-optic Kerr effect[J]. RevSci Instrum, 2000, 71 (3): 1243-1255.

[21] KRISTENSEN A, YANG J K, BOZHEVOLNY S I, et al. Plasmonic colour generation[J]. Nat Rev Mater, 2016, 2(1): 1-14.

[22] ALAEE R, ALBOOYEH M, YAZDI M, et al. Magnetoelectric coupling in nonidentical plasmonic nanopar- ticles: theory and applications[J]. Phys Rev B, 2015,

91(11): 115119.

[23] ZHANG X, CHEN Y L, LIU R S, et al. Plasmonic photocatalysis[J]. Rep Prog Phys, 2013, 76(4): 046401.

[24] HERGERT W, WRIEDT T. The Mie theory: basics and applications[M]. Berlin: Springer, 2012.

[25] WRIEDT T. Mie theory: a review[M]. Berlin: Springer, 2012: 53-71.

[26] GU Y, ZHANG L, YANG J K, et al. Color generation via subwavelength plasmonic nanostructures[J]. Nanoscale, 2015, 7(15): 6409-6419.

[27] XU T, WU Y K, LUO X, et al. Plasmonic nanoresonators for high-resolution colour filte ring and spectral imaging[J]. Nat Commun, 2010, 1(1): 1-5.

[28] YOKOGAWA S, BURGOS S P, ATWATER H A. Plasmonic color filters for CMOS image sensor applications[J]. Nano Lett, 2012, 12(8): 4349-4354.

[29] KING N S, LIU L, YANG X, et al. Fano resonant aluminum nanoclusters for plasmonic colorimetric sensing[J]. ACSNano, 2015, 9(11): 10628-10636.

[30] ZHANG X, MAUGER A, LU Q, et al. Synthesis and characterization of $LiNi_{1/3}Mn_{1/3}Co_{1/3}O_2$ by wet-chemical method[J]. Electrochim Acta, 2010, 55(22): 6440-6449.

[31] LI Y Q, XIAO M. Observation of quantuminter ference between dressed states in an electromagnetically induced transparency[J]. Phys Rev A, 1995, 51(6): 4959.

[32] IMAMOGLU A, HARRIS S E. Lasers without inversion: interference of dressed lifetime broadened states[J]. Opt Lett, 1989, 14(24): 1344-1346.

[33] LUKIN M, IMAMOG LU A. Controlling photons using electromagnetically induced transparency[J]. Na-ture, 2001, 413(6853): 273-276.

[34] PRIOR Y. Three-dimensional phase matching in four-wave mixing[J]. Appl Opt, 1980, 19(11): 1741-1743.

[35] WANG Z, ZHANG Y, ZHENG H, et al. Switching enhancement and suppression of four-wave mixing via a dressing field[J]. J Mod Optic, 2011, 58(9): 802-809.

[36] KASAPI A, JAIN M, YIN G, et al. Electromagnetically induced transparency: propagation dynamics[J]. Phys Rev Lett, 1995, 74(13): 2447.

[37] PROVOST L, FINOT C, PETROPOULOS P, et al. Design scaling rules for 2r-optical self-phase modulation-based regenerators[J]. Opt Express, 2007, 15(8):

5100-5113.

[38] WANG Z B, MARZLIN K P, SANDERS B C. Large cross-phase modulation between slow copropagating weak pulses inRb87[J]. Phys Rev Lett, 2006, 97(6): 063901.

[39] ESSIAMBRE R J, MIKKELSEN B, RAYBON G. Intra-channel cross-phase modulation and four-wave mixing in high-speed TDM systems[J]. Electron Lett, 1999, 35(18): 1576-1578.

[40] SANG S, WU Z, SUN J. Observation of angle switching of dressed four-wave mixing image[J]. IEEE Photonics J, 2012, 4(5): 1973-1986.

[41] LI C, ZHANG Y, NIE Z, et al. Controlling enhancement and suppression of four-wave mixing via polarized light[J]. Phys Rev A, 2010, 81(3): 537-542.

[42] ZHANG Y, NIE Z, WANG Z, et al. Evidence of Autler-Townes splitting in high-order nonlinear pro- cesses[J]. Opt Lett, 2010, 35(20): 3420-3422.

[43] ZHANG Z, MA D, ZHANG Y, et al. Propagation of optical vortices in a nonlinear atomic medium with a photonic band gap[J]. Opt Lett, 2017, 42(6): 1059-1062.

[44] ZHANG Q, CHENG X, ZHANG Y, et al. Optical limiting using spatial self-phase modulation in hot atomic sample[J]. Opt Laser Technol, 2017, 88(1): 54-60.

[45] HERMANN J A. Beam propagation and optical power limiting with nonlinear media[J]. J OptSoc Am B, 1984, 1(5): 729-736.

[46] BENDER C M. PT-symmetric quantum theory[J]. J Phys Conf Ser, 2015, 631(1): 012002.

[47] BONGS K, BURGER S, DETTMER S, et al. A waveguide for Bose-Einstein condensates[J]. Phys Rev A, 2001, 63(3): 222-224.

[48] BOLLER K J, IMAMOGLU A, HARRIS S E. Observation of electromagnetically induced transparency[J]. Phys Rev Lett, 1991, 66(20): 2593.

[49] HAU L V, HARRIS S E, DUTTON Z, et al. Light speed reduction to 17 metres per second in an ultracold atomic gas[J]. Nature, 1999, 397(6720): 594-598.

[50] KASH M M, SAUTENKOV V A, ZIBROV A S, et al. Ultraslow group velocity and enhanced nonlinear optical effects in a coherently driven hot atomic gas[J]. Phys Rev Lett, 1999, 82(26): 5229.

[51] MACRAE A, CAMPBELL G, LVOVSKY A. Matched slow pulses using double electromagnetically induced transparency[J]. Opt Lett, 2008, 33(22): 2659-2661.

[52] CHENG L, TIAN Y, LIU Y, et al. Competition and energy transfer between forward and backward four-wave mixing via atomic coherence[J]. IEEE J Quantum Electron, 2017, 53(99): 1-1.

[53] HéTET G, GLOECKL O, PILYPAS K, et al. Squeezed light for bandwidth-limited atom optics experiments at the rubidium D1 line[J]. J Phys B-At Mol Opt, 2006, 40(1): 221.

[54] KUMAR K, DUAN H, HEGDE R S, et al. Printing colour at the optical diffraction limit[J]. Nat Nanotech-nol, 2012, 7(9): 557-561.

[55] TAN S J, ZHANG L, ZHU D, et al. Plasmonic color palettes for photorealistic printing with aluminum nanostructures[J]. Nano Lett, 2014, 14(7): 4023-4029.

[56] INOUE D, MIURA A, NOMURA T, et al. Polarization independent visible color filter comprising an alu-minum film with surface-plasmon enhanced transmission through a subwavelength array of holes[J]. Appl Phys Lett, 2011, 98(9): 093113.

[57] SI G, ZHAO Y, LV J, et al. Reflective plasmonic color filters based on lithographically patterned silver nanorod arrays[J]. Nanoscale, 2013, 5(14): 6243-6248.

[58] XUE J, ZHOU Z K, WEI Z, et al. Scalable, full-colour and controllable chromotropic plasmonic print-ing[J]. Nat Commun, 2015, 6(1): 1-9.

[59] YANG Z, ZHOU Y, CHEN Y, et al. Reflective color filters and monolithic color printing based on asym-metric Fabry-Perot cavities using nickel as a broadband absorber[J]. Adv Opt Mater, 2016, 4(8): 1196-1202.

[60] HU D, LU Y, CAO Y, et al. Laser-splashed three-dimensional plasmonic nanovolcanoes for steganog-raphy in angular anisotropy[J]. ACSNano, 2018, 12(9): 9233-9239.

[61] LEE C H, KIM Y, SONG J H, et al. Near-ultraviolet structural colors generated by aluminum nanodisk array for bright image printing[J]. Adv Opt Mater, 2018, 6(15): 1800231.

[62] FU Y, WANG Y, CHEN D, et al. Three-dimensional photonic crystal bulks with outstanding mechanical performance assembled by thermoforming-etching cross-linked polymer microspheres[J]. ACSAppl Mater Inter, 2020, 12(31): 35311-35317.

[63] OUYANG G, ZHANG A, ZHU Z, et al. Nanoporous silicon: surface effect and

bandgap blueshift[J]. J Appl Phys, 2011, 110(3): 033507.

[64] CHENG L, MAO J, WANG K, et al. Rational design of colorimetric sensing for a customer-oriented index range using plasmonic substrates[J]. J OptSoc Am B, 2019, 36(11): 3168.

[65] JIANG X, HU S, LI Z, et al. Fabrication and characterization of plasmonic nanorods with high aspect ratios[J]. Opt Mater, 2016, 58(1): 323-326.

[66] FRANKLIN D, CHEN Y, VAZQUEZ-GUARDADO A, et al. Polarization-independent actively tunable colour generation on imprinted plasmonic surfaces[J]. Nat Commun, 2015, 6(1): 1-8.

[67] OLSON J, MANJAVACAS A, BASU T, et al. High chromaticity aluminum plasmonic pixels for active liquid crystal displays[J]. ACSNano, 2016, 10(1): 1108-1117.

[68] WRIGHT C D, et al. An optoelectronic framework enabled by low-dimensional phase-change films[J]. Nature, 2014, 511(10): 211.

[69] RiOS C, HOSSEINI P, TAYLOR R A, et al. Color depth modulation and resolution in phase change material nanodisplays[J]. Adv Mater, 2016, 28(23): 4720-4726.

[70] LIU L, KANG L, MAYER T S, et al. Hybrid metamaterials for electrically triggered multifunctional control[J]. Nat Commun, 2016, 7(1): 1-8.

[71] IBRAHIM H H, MOHAMED A A, Ibrahim I A. Origin of the enhanced photocatalytic activity of (Ni, Se, and B) mono-and co-doped anatase TiO2 materials under visible light: a hybrid DFT study[J]. RSC Adv, 2020, 10(70): 43092-43102.

[72] DUAN X, KAMIN S, LIU N. Dynamic plasmonic colour display[J]. Nat Commun, 2017, 8: 14606.

[73] CHEN Y, DUAN X, MATUSCHEK M, et al. Dynamic color displays using stepwise cavity resonators[J]. Nano Lett, 2018, 17(9): 5555.

[74] WANG S, LI F, QIAO R, et al. Arginine-rich manganese silicate nanobubbles as a ferroptosis-inducing agent for tumor-targeted theranostics[J]. ACSNano, 2018, 12(12): 12380-12392.

[75] SHAO L, ZHUO X, WANG J. Advanced plasmonic materials for dynamic color display[J]. Adv Mater, 2018, 30(16): 1704338.

[76] RUAN Z, FAN S. Superscattering of light from subwavelength nanostructures[J].

Phys Rev Lett, 2010, 105(1): 013901.

[77] PARK J, KANG J H, LIU X, et al. Electrically tunable epsilon-near-zero (ENZ) metafilm absorbers[J]. Sci Rep, 2015, 5(11): 15754.

[78] LIU W, KIVSHAR Y S. Generalized Kerker effects in nanophotonics and meta-optics [J]. Opt Express, 2018, 26(10): 13085-13105.

[79] WANG B, Huang K M. Shaping the radiation pattern with μ and epsilon-near-zero metamaterials[J]. Prog Electromagn Res, 2010, 106(1): 107-119.

[80] ALU A, SILVEIRINHA M G, SALANDRINO A, et al. Epsilon-near-zero metamaterials and electromagnetic sources: tailoring the radiation phase pattern[J]. Phys Rev B, 2007, 75(15): 155410.

[81] ALAM M Z, DE LEON I, BOYD R W. Large optical nonlinearity of indium tin oxide in its epsilon-near-zero region[J]. Science, 2016, 352(6287): 795-797.

[82] CASPANI L, KAIPURATH R, CLERICI M, et al. Enhanced nonlinear refractive index in ε-near-zero materials[J]. Phys Rev Lett, 2016, 116(23): 233901.

[83] HARBOLD J, IlDAY F, WISE F, et al. Highly nonlinear As-S-Se glasses for all-optical switching[J]. Opt Lett, 2002, 27(2): 119-121.

[84] SLUSHER R E. Large raman gain and nonlinear phase shifts in high-purity chalcogenide fibers[J]. J OptSoc Am B, 2004, 21(6): 1146-1155.

[85] EGGLETON B J, LUTHER-DAVIES B, RICHARDSON K. Chalcogenide photonics [J]. Nat Photonics, 2011, 5(3): 141-148.

[86] HUANG X, YUN L, ZHI H H, et al. Dirac cones induced by accidental degeneracy in photonic crystals and zero-refractive-index materials[J]. Nat Mater, 2011, 10(8): 582-586.

[87] MOITRA P, YANG Y, ANDERSON Z, etal. Realizationofanall-dielectriczero-indexopticalmetamaterial[J]. Nat Photonics, 2013, 7(10): 791-795.

[88] KITA S, LI Y, CAMAYD-MUÑOZ P, et al. On-chip all-dielectric fabrication-tolerant zero-index metamaterials[J]. Opt Express, 2017, 25(7): 8326-8334.

[89] VULIS D I, LI Y, RESHEF O, et al. Monolithic CMOS-compatible zero-index metamaterials[J]. Opt Express, 2017, 25(11): 12381-12399.

[90] KOCHAROVSKAYA O, ROSTOVTSEV Y, SCULLY M O. Stopping light via hot atoms[J]. Phys Rev Lett, 2001, 86(4): 628-631.

[91] STECK D A. Rubidium 85 D line data[OL], 2019-11-21. http://steck.us/alkalidata.

[92] ARIMONDO E, INGUSCIO M, VIOLINO P. Experimental determinations of the hyperfine structure in the alkali atoms[J]. Rev Mod Phys, 1977, 49(1): 31.

[93] ERICKSON W W. Electromagnetically induced transparency[D]. Oregon: Reed College, 2012.

[94] BOYD R W. Nonlinear optics[M]. USA: Elsevier, 2019.

[95] MITSUNAGA M, IMOTO N. Observation of an electromagnetically induced grating in cold sodium atoms[J]. Phys Rev A, 1999, 59(6): 4773.

[96] MAIER S A. Plasmonics: fundamentals and applications[M]. Berlin: Springer, 2007.

[97] ZHANG L, CHAN C Y, LI J, et al. Rational design of high performance surface plasmon resonance sensors based on two-dimensional metallic hole arrays[J]. Opt. Express, 2012, 20(11): 12610-12621.

[98] GHATAK A. Optics, 4th edition[M]. USA: Addison Wesley Longman, 1998.

[99] HERGET W, WRIEDT T. The Mie theory: basics and applications[M]. Germany: Springer, 2012.

[100] BURROWS C P, BARNES W L. Large spectral extinction due to overlap of dipolar and quadrupolar plas- monic modes of metallic nanoparticles in arrays[J]. Opt. Express, 2010, 18(3): 3187-3198.

[102] BROWN R G W. Absorption and scattering of light by small particles[J]. Int J Opt, 2010, 31(1).

[103] ZZNIN V A, GARCIA-ORTIZ C E, Evlyukhin A B, et al. Engineering nanoparticles with pure high-order multipole scattering[J]. ACSPhotonics, 2020, 7(4): 1067-1075.

[104] FRIZYUK K. Mie theory, part 3. Kerker effect[OL], 2020-02-07. https://www.youtube.com/watch?v=JblWhmOexy4.

[105] KERKER M, WANG D S, GILES C. Electromagnetic scattering by magnetic spheres[J]. J OptSoc Am, 1983, 73(6): 765-767.

[106] LIU W, KIVSHAR Y S. Generalized Kerker effects in nanophotonics and meta-optics[J]. Opt Express, 2018, 26(10): 13085-13105.

[107] SULLIVAN D M. Electromagnetic simulation usingthe FDTD method[M]. Canada: John Wiley&Sons, 2013.

[108]CALLEN W R, HUTH B G, PANTELL R H. Optical patterns of thermally self-defocused light[J]. Appl Phys Lett, 1967, 11(3): 103-105.

[109]ZHANG Y, ZUO C, ZHENG H, et al. Controlled spatial beam splitter using four-wave-mixing images[J]. Phys Rev A, 2009, 80(5): 72-72.

[110]ZHANG Y, WANG Z, NIE Z, et al. Four-wave mixing dipole soliton in laser-induced atomic gratings[J]. Phys Rev Lett, 2011, 106(9): 093904.

[111]FINN G M, KHOO I C, HOU J Y, et al. Transverse self-phase modulation and bistability in the transmis- sion of a laser beam through a nonlinear thin film[J]. J OptSoc Am B, 1987, 4(4): 886-891.

[112]FATTINGER C, GRISCHKOWSKY D, EXTER M V, et al. Far-infrared time-domain spectroscopy with terahertz beams of dielectrics and semiconductors[J]. J OptSoc Am B, 1990, 7(10): 2006-2015.

[113]SONG Y, MILAM D, HILL LII W T. Long, narrow all-light atom guide. [J]. Opt Lett, 1999, 24(24): 1805- 1807.

[114]LI C, WEN F, ZHENG H, et al. Multidressing interaction of four-wave mixing image in three-level atomic system[J]. J OptSoc Am B, 2012, 29(8): 1920.

[115] XIAO M, LI Y, JIN S, et al. Measurement of dispersive properties of electromagnetically induced transparency in rubidium atoms[J]. Phys Rev Lett, 1995, 74(5): 666.

[116]ZHANG Z, YANG L, FENG J, et al. Parity-time-symmetric optical lattice with alternating gain and loss atomic configurations[J]. Laser Photonics Rev, 2018, 12(10): 1800155.

[117]CAO M, HAN L, LIU R, et al. Deutsch's algorithm with topological charges of optical vortices via non degenerate four-wave mixing[J]. Opt Express, 2012, 20(22): 24263-71.

[118]KHOO I. Optical bistability in nematic films utilizing self-focusing of light[J]. Appl Phys Lett, 1982, 41(10): 909-911.

[119]KHOO I, YAN P, LIU T, et al. Theory and experiment on optical transverse intensity bistability in the transmission through a nonlinear thin(nematic liquid crystal) film[J]. Phys. Rev. A, 1984, 29(5): 2756.

[120]CHENG L, TIAN Y, LIU Y, et al. Competition and energy transfer between

forward and backward four- wave mixing via atomic coherence[J]. IEEE J Quantum Electron, 2017, 53(2): 1-5.

[121]DURBIN S D, ARAKELIAN S M, SHEN Y R. Laser-induced diffraction rings from a nematic-liquid-crystal film[J]. Opt Lett, 1981, 6(9): 411.

[122]ZHANG Z, FENG J, LIU X, et al. Controllable photonic crystal with periodic Raman gain in a coherent atomic medium[J]. Opt Lett, 2018, 43(4): 919.

[123]WANG R, DU Y, ZHANG Y, et al. Polarization spectroscopy of dressed four-wave mixing in a three-level atomic system[J]. J OptSoc Am B, 2009, 26(9): 1710-1719.

[124]MIHALACHE D, MAZILU D, LEDERER F, et al. Stable vortex Tori in the three-dimensional cubic-Quintic Ginzburg-Landau equation[J]. Phys Rev Lett, 2006, 97(7): 073904.

[125]TABOSA J W R, PETROV D V. Optical pumping of orbital angular momentum of light in cold cesium atoms[J]. Phys Rev Lett, 1999, 83(24): 4967-4970.

[126]WALKER G, ARNOLD A S, FRANKE-ARNOLD S. Trans-spectral orbital angular momentum transfer via four- wave mixing inRbvapor[J]. Phys Rev Lett, 2012, 108(24): 243601.

[127]UENO Y, TODA Y, ADACHI S, et al. Coherent transfero forbital angular momen tumto exciton sbyoptical four-wave mixing [J]. Opt Express, 2009, 17(22): 20567-20574.

[128]COURTIAL J, DHOLAKIA K, ALLEN L, et al. Second-harmonic generation and the conservation of orbital angular momentum with high-order Laguerre-Gaussian modes[J]. Phys Rev A, 1997, 56(5): 4193-4196.

[129]ARNAUT H H, BARBOSA G A. Orbital and intrinsic angular momentum of single photons and entangled pairs of photons generated by parametric down-conversion[J]. Phys Rev Lett, 2000, 85(4): 286-289.

[130]CAO M, YU Y, ZHANG L, et al. Demonstration of CNOT gate with Laguerre Gaussian beams via four- wave mixing in atom vapor[J]. Opt Express, 2014, 22(17): 20177-20184.

[131]MOLINA-TERRIZA G, RECOLONS J, TORRES J P, et al. Observation of the dynamical inversion of the topo- logical charge of an optical vortex[J]. Phys Rev Lett, 2001, 87(2): 023902.

[132] CAO M, YU Y, ZHANG L, et al. Demonstration of CNOT gate with Laguerre Gaussian beams via four- wave mixing in atom vapor[J]. Opt Express, 2014, 22 (17): 20177-20184.

[133] WANG R M, CHE J L, WANG X P, et al. Controllable azimuthons of four-wave mixing and their appli- cations[J]. Laser Phys, 2014, 24(8): 085406.

[134] LI J, LIU W, WANG Z, et al. All-optical routing and space demultiplexer via four-wave mixing spatial splitting[J]. Appl Phys B, 2012, 106(2): 365-371.

[135] BROWN A W, XIAO M. All-optical switching and routing based on an electromagnetically induced absorption grating[J]. Opt Lett, 2005, 30(7): 699-701.

[136] DAWES A M C, ILLING L, CLARK S M, et al. All-optical switching in rubidium vapor[J]. Science, 2005, 308(5722): 672-674.

[137] ZHANG D, LIU X, YANG L, et al. Modulated vortex six-wave mixing[J]. Opt Lett, 2017, 42(16): 3097- 3100.

[138] ZHANG Y, ZUO C, ZHENG H, et al. Controlled spatial beam splitter using four-wave-mixing images[J]. Phys Rev A, 2009, 80(5): 055804.

[139] ZHANG Z, MA D, ZHANG Y, et al. Propagation of optical vortices in a nonlinear atomic medium with a photonic band gap[J]. Opt Lett, 2017, 42(6): 1059-1062.

[140] LI P, ZHENG H, ZHANG Y, et al. Controlling the transition of bright and darkstates vias canning dressing field[J]. Opt Mater, 2013, 35(5): 1062 - 1070.

[141] BOYER V, MCCORMICK C, ARIMONDO E, et al. Ultraslow propagation of matched pulses by four-wave mixing in an atomic vapor[J]. Phys Rev Lett, 2007, 99 (14): 143601.

[142] YAN M, RICKEY E G, ZHU Y. Observation of doubly dressed states in cold atoms [J]. Phys Rev A, 2001, 64(1): 013412.

[143] COHEN-TANNOUDJI C, REYNAUD S. Dressed-atom description of resonance fluorescence and absorption spectra of a multi-level atom in an intense laser beam[J]. J Phys B: At Mol Opt, 1977, 10(3): 345.

[144] DU S, WEN J, RUBIN M H, et al. Four-wave mixing and biphoton generation in a two-level system[J]. Phys Rev Lett, 2007, 98(5): 053601.

[145] ZHANG Y, KHADKA U, ANDERSON B, et al. Temporal and spatial interference between four-wave mixing and six-wave mixing channels[J]. Phys Rev Lett, 2009,

102(1): 013601.

[146] ZHANG Y, ANDERSON B, BROWN A W, et al. Competition between two four-wave mixing channels via atomic coherence[J]. Appl Phys Lett, 2007, 91(6): 061113.

[147] BOLLER K J, IMAMO LU A, HarrisSE. Observation of electromagnetically induced transparency[J]. Phys Rev Lett, 1991, 66(20): 2593.

[148] Li Y Q, XIAO M. Enhancement of nondegenerate four-wave mixing based on electromagnetically induced transparency in rubidium atoms[J]. Opt Lett, 1996, 21(14): 1064-1066.

[149] KANG H, HERNANDEZ G, Zhu Y. Slow-light six-wave mixing at low light intensities[J]. Phys Rev Lett, 2004, 93(7): 073601.

[150] ZHANG Y, ANDERSON B, XIAO M. Efficient energy transfer between four-wave-mixing and six-wave- mixing processes via atomic coherence[J]. Phys Rev A, 2008, 77(6): 061801.

[151] ZHANG Y, BROWN A W, XIAO M. Matched ultraslow propagation of highly efficient four-wave mixing in a closely cycled double-ladder system[J]. Phys Rev A, 2006, 74(5): 053813.

[152] ELLENBOGEN T, SEO K, CROZIER K B. Chromatic plasmonic polarizers for active visible color filtering and polarimetry[J]. Nano Lett, 2012, 12(2): 1026-1031.

[153] LI Z, CLARK A W, COOPER J M. Dual color plasmonic pixels create a polarization controlled nano color palette[J]. ACSNano, 2016, 10(1): 492.

[154] GOH X M, ZHENG Y, TAN S J, et al. Three-dimensional plasmonic stereoscopic prints in full colour[J]. Nat Commun, 2014, 5(1): 1-8.

[155] CAO Z L, YIU L Y, ZHANG Z Q, et al. Understanding the role of surface plasmon polaritons in two- dimensionalachiralnanoholearraysforpolarizationconversion[J]. PhysRevB, 2017, 95(15): 155415.

[156] LOCCUFIER E, GELTMEYER J, DAELEMANS L, et al. Azeotrope separation: silica nanofibrous membranes for the separation of heterogeneous azeotropes[J]. Adv Func Mater, 2018, 28(44): 1870313.

[157] FINLAYSON E D, HOOPER I R, LAWRENCE C R, et al. Covert images using surface plasmon-mediated optical polarization conversion[J]. Adv Opt Mater, 2018, 6

(5): 1700843.

[158] PALIK, EDWARD D. Handbook of optical constants of solids[M]. Germany: Elsevier, 1985.

[159] LI J, LU H, LUK W C, et al. Studies of the plasmonic properties of two-dimensional metallic nanobottle arrays[J]. Appl Phys Lett, 2008, 92(21): 824.

[160] Li J, Xu J B, Ong H C. Hole size dependence of forward emission from organic dyes coated with two-dimensional metallic arrays[J]. Appl Phys Lett, 2009, 94(24): 824.

[161] LAO J, MOLDOVAN D. Surface stress induced structural transformations and pseudoelastic effects in palladium nanowires[J]. Appl Phys Lett, 2008, 93(9): 3455.

[162] LEI D Y, LI J, FERNA NDEZ-DOMI NGUEZ AI, et al. Geometry dependence of surface plasmon polariton lifetimes in nanohole arrays[J]. ACSNano, 2010, 4(1): 432-438.

[163] HOMOLA J. Surface plasmon resonance sensors for detection of chemical and biological species[J]. Chem Rev, 2008, 108(2): 462-493.

[164] GUO X. Surface plasmon resonance based biosensor technique: a review[J]. J Biophotonics, 2012, 5(7): 483-501.

[165] CAO Z L, WONG S L, WU S Y, et al. High performing phase-based surface plasmon resonance sensing from metallic nanohole arrays[J]. Appl Phys Lett, 2014, 104(17): 824.

[166] ELSHORBAGY M H, CUADRADO A, ALDA J. High-sensitivity integrated devices based on surface plasmon resonance for sensing applications[J]. Photonics Res, 2017, 5(6): 654-661.

[167] CHENG Y, MAO X S, WU C, etal. Infrared non-planarplas monicperfec tabsorber foren hanced sensitive refractive index sensing[J]. Opt Mater, 2016, 53(3): 195-200.

[168] ZOU H, CHENG Y. Design of a six-band terahertz metamaterial absorber for temperature sensing ap- plication[J]. Opt Mater, 2019, 88(1): 674-679.

[169] CHENG Y, LUO H, CHEN F, et al. Triple narrow-band plasmonic perfect absorber for refractive index sensing applications of optical frequency[J]. OSA Continuum, 2019, 2(7): 2113.

[170] CROW M J, SEEKELL K, WAX A. Polarization mapping of nanoparticle plasmonic coupling[J]. Opt Lett, 2011, 36(5): 757.

[171] Serhatlioglu M, AYAS S, BIYIKLI N, et al. Perfectly absorbing ultra thin interference coatings for hy- drogen sensing[J]. Opt Lett, 2016, 41(8): 1724-1727.

[172] AYAS S, BAKAN G, OZGUR E, et al. Colorimetric detection of ultrathin dielectrics on strong interference coatings[J]. Opt Lett, 2018, 43(6): 1379-1382.

[173] SREEKANTH K V, ALAPAN, ElKabbash M, et al. Extreme sensitivity biosensing platform based on hyperbolic metamaterials[J]. Nat Mater, 2016, 15(6): 621-627.

[174] YANIK A A, CETIN A E, HUANG M, et al. Seeing protein monolayers with naked eye through plasmonic Fano resonances[J]. Proc Natl AcadSci USA, 2011, 108(29): 11784-11789.

[175] YANG Y, KRAVCHENKO I I, BRIGGS D P, et al. All-dielectric metasurface analogue of electromagnetically induced transparency[J]. Nat Commun, 2014, 5(1): 5753.

[176] DENG Y, CAO G, YANG H, et al. Tunable and high-sensitivity sensing based on Fano resonance with coupled plasmonic cavities[J]. Sci Rep, 2017, 7(1): 10639.

[177] HU H J, ZHANG F W, LI G Z, et al. Fano resonances with a high figure of merit in silver oligomer systems[J]. Photonics Res, 2018, 6(3): 204-213.

[178] Li X, GAO X, SHI W, et al. Design strategies for water-soluble small molecular chromogenic and fluorogenic probes[J]. Chem Rev, 2013, 114(1): 590-659.

[179] MINAMI T, EMAMI F, NISHIYABU R, etal. Quantitative analysisof themodeled ATPhydrolysisin water by a colorimetric sensor array[J]. Chem Commun, 2016, 52(50): 7838.

[180] SHAWN J T, ZHANG L, ZHU D, et al. Plasmonic color palettes for photorealistic printing with aluminum nanostructures[J]. Nano Lett, 2014, 14(7): 4023-4029.

[181] SMITH T, GUILD J. The C. I. E. colorimetric standards and their use[J]. Trans OptSoc, 1931, 33(3): 73.

[182] WRIGHT D W. A re-determination of the trichromatic coefficients of the spectral colours[J]. Trans OptSoc, 1929, 30(4): 141.

[183] SHARMA G, WU W, Dalal E N. TheCIE2000 color-difference formula: implementation notes, supple- mentary test data, and mathematical observations[J]. Color Res Appl, 2010, 30(1): 21-30.

[184] KING NS, LIU L, YANG X, et al. Fano resonant aluminum nanoclusters for

plasmonic colorimetric sensing[J]. ACSNano, 2015, 9(11): 10628.

[185] CHENG L, WANG K, MAO J, et al. Extrinsic polarization-enabled covert plasmonic colors using alu- minum nanostructures [J]. Ann Phys, 2019, 531 (9): 1900073.

[186] LIU N, WEISS T, MESCH M, et al. Planar metamaterial analogue of electromagnetically induced trans- parency for plasmonic sensing. [J]. Nano Lett, 2010, 10(4): 1103-1107.

[187] ENGINEERING TOOL BOX. Refractive Index for some common liquids, solids and gases [OL], 2008. https://www.engineeringtoolbox.com/refractive-index-d_1264.html.

[188] RAJSHRESTHA V, LEE S S, KIM ES, et al. Polarization-tuned dynamic color filters incorporating a dielectric-loaded aluminum nanowire array[J]. Sci Rep, 2015, 5 (1): 12450.

[189] BHARADWAJ P, DEUTSCH B, NOVOTNY L. Optical antennas[J]. Adv Opt Photonics, 2009, 1(3): 438-483.

[190] TAYLOR R W, SANDOGHDAR V. Interfero metrics cattering (iSCAT) micros copy and related techniques[M]. Germany: Springer, 2019: 25-65.

[191] KRASNOK A, TYMCHENKO M, ALù A. Nonlinear metasurfaces: a paradigm shift in nonlinear optics[J]. Mater Today, 2018, 21(1): 8-21.

[192] ALAEE R, ROCKSTUHL C, FERNANDEZ-CORBATON I. Exact multipolar decompositions with applications in nanophotonics[J]. Adv Opt Mater, 2019, 7 (1): 1800783.

[193] ZAMBRANA-PUYALTO X, FERNANDEZ-CORBATON I, JUAN M, et al. Duality symmetry and Kerker condi- tions[J]. Opt Lett, 2013, 38(11): 1857-1859.

[194] ALAEE R, FILTER R, LEHR D, et al. A generalized Kerker condition for highly directive nanoantennas[J]. Opt Lett, 2015, 40(11): 2645-2648.

[195] RUAN Z, FAN S. Superscattering of light from subwavelength nanostructures[J]. Phys Rev Lett, 2010, 105(1): 013901.

[196] RUAN Z, FAN S. Design of subwavelength superscattering nanospheres[J]. Appl Phys Lett, 2011, 98(4): 2013-2016.

[197] NG J, CHEN H, CHAN C T. Metamaterial frequency-selective superabsorber[J].

Opt Lett, 2009, 34(5): 644-646.

[198] MIROSHNICHENKO A E, TRIBELSKY M I. Ultimate absorption in light scattering by a finite obstacle[J]. Phys Rev Lett, 2018, 120(3): 033902.

[199] ESTAKHRI N M, ALù A. Minimum-scattering superabsorbers[J]. Phys Rev B, 2014, 89(12): 121416.

[200] RAHIMZADEGAN A, ALAEE R, FERNANDEZ-CORBATON I, et al. Fundamental limits of optical force andtorque[J]. Phys Rev B, 2017, 95(3): 035106.

[201] ALù A, ENGHETA N. Multifrequency optical invisibility cloak with layered plasmonic shells[J]. Phys Rev Lett, 2008, 100(11): 113901.

[202] DEVANEY A J, WOLF E. Radiating and nonradiating classical current distributions and the fields they generate[J]. Phys Rev D, 1973, 8(4): 1044-1047.

[203] HSU C W, DELACY B G, JOHNSON S G, et al. Theoretical criteria for scattering dark states in nanos- tructured particles[J]. Nano Lett, 2014, 14(5): 2783-2788.

[204] ARGYROPOULOS C, CHEN P Y, D'AGUANNO G, et al. Boosting optical nonlinearities in ε-near-zero plas- monic channels [J]. Phys Rev B, 2012, 85 (4): 045129.

[205] KINSEY N, DEVAULT C, KIM J, et al. Epsilon-near-zero Al-doped ZnO for ultrafast switching at telecom wavelengths[J]. Optica, 2015, 2(7): 616-622.

[206] CASPANI L, KAIPURATH R P M, CLERICI M, et al. Enhanced nonlinear refractive index in ε-near-zero materials[J]. Phys Rev Lett, 2016, 116(23): 233901.

[207] RESHEF O, GIESE E, ALAM M Z, et al. Beyond the perturbative description of the nonlinear optical response of low-index materials[J]. Opt Lett, 2017, 42(16): 3225-3228.

[208] LIBERAL I, ENGHETA N. Near-zero refractive index photonics[J]. Nat Photonics, 2017, 11(3): 149.

[209] CLERICI M, KINSEY N, DEVAULT C, et al. Controlling hybrid nonlinearities in transparent conducting oxides via two-colour excitation[J]. Nat Commun, 2017, 8 (1): 1-7.

[210] FERRERA M, KINSEY N, SHALTOUT A, et al. Dynamic nanophotonics[J]. J OptSoc Am B, 2017, 34(1): 95-103.

[211] LIBERAL I, ENGHETA N. The rise of near-zero-index technologies[J]. Science,

2017, 358(6370): 1540-1541.

[212] VEZZOLI S, BRUNO V, DEVAULT C, et al. Optical time reversal from time-dependent epsilon-near-zero media[J]. Phys Rev Lett, 2018, 120(4): 043902.

[213] KIM J, CARNEMOLLA E G, DEVAULT C, et al. Dynamic control of nanocavities with tunable metal ox- ides[J]. Nano Lett, 2018, 18(2): 740-746.

[214] NIU X, HU X, CHU S, et al. Epsilon-near-zero photonics: a new platform for integrated devices[J]. Adv Opt Mater, 2018, 6(10): 1701292.

[215] RESHEF O, DE LEON I, ALAM M Z, et al. Nonlinear optical effects in epsilon-near-zero media[J]. Nat Rev Mater, 2019, 4(8): 535-551.

[216] KINSEY N, DEVAULT C, BOLTASSEVA A, et al. Near-zero-index materials for photonics[J]. Nat Rev Mater, 2019, 4(12): 742-760.

[217] ALAEE R, VADDI Y, BOYD R W. Dynamic coherent perfect absorption in nonlinear metasurfaces[J]. arXiv: 2007. 03160, 2020.

[218] BRUNO V, DEVAULT C, VEZZOLI S, et al. Negativere fractionin time-varying strongly coupled plasmonic- antenna-epsilon-near-zero systems[J]. Phys Rev Lett, 2020, 124(4): 043902.

[219] PAUL J, MISCUGLIO M, GUI Y, et al. Two-beam coupling by a hot electron nonlinearity[J]. arXiv: 2008. 12824, 2020.

[220] BRUNO V, VEZZOLI S, DEVAULT C, et al. Dynamical control of broadband coherent absorption in ENZ films[J]. Micromachines, 2020, 11(1): 110.

[221] BRUNO V, VEZZOLI S, DEVAULT C, et al. Broad frequency shift of parametric processes in epsilon-near- zero time-varying media[J]. ApplSci, 2020, 10(4): 1318.

[222] SMIRNOVA D, KIVSHAR Y S. Multipolar nonlinear nanophotonics[J]. Optica, 2016, 3(11): 1241-1255.

[223] CAMACHO-MORALES R, RAHMANI M, KRUK S, et al. Nonlinear generation of vector beams from AlGaAs nanoantennas[J]. Nano Lett, 2016, 16(11): 7191-7197.

[224] SMIRNOVA D, KRUK S, LEYKAM D, et al. Third-harmonic generation in photonic topological metasur- faces[J]. Phys Rev Lett, 2019, 123(10): 103901.

[225] SMIRNOVA D, SMIRNOV A I, KIVSHAR Y S. Multipolar second-harmonic generation by Mie-resonant dielectric nanoparticles[J]. Phys Rev A, 2018, 97

(1): 013807.

[226] CARLETTI L, KOSHELEV K, DE ANGELIS C, et al. Giant nonlinear response at the nanoscale driven by bound states in the continuum[J]. Phys Rev Lett, 2018, 121(3): 033903.

[227] ALAEE R, ROCKSTUHL C, FERNANDEZ-CORBATON I. An electromagnetic multipole expansion beyond the long-wavelength approximation[J]. Opt Commun, 2018, 407(1): 17-21.

[228] TRIBELSKII M. Resonant scattering of light by small particles[J]. Sov Phys JETP, 1984, 59(3): 534-536.

[229] ALAEE R, ALBOOYEH M, ROCKSTUHL C. Theory of metasurface based perfect absorbers[J]. J Phys D: Appl Phys, 2017, 50(50): 503002.

[230] TRIBELSKY M I, LUK'YANCHUK B S. Anomalous light scattering by small particles[J]. Phys Rev Lett, 2006, 97(26): 263902.

[231] EVLYUKHIN A B, NOVIKOV S M, ZYWIETZ U, et al. Demonstration of magnetic dipole resonances of dielectric nanospheres in the visible region[J]. Nano Lett, 2012, 12(7): 3749-3755.

[232] KUZNETSOV A I, MIROSHNICHENKO A E, FU Y H, et al. Magnetic light[J]. Sci Rep, 2012, 2(1): 492. [233] TretyakovS. Analytical modeling in applied electromagnetics[M]. USA: Artech House, 2003.

[234] ALAEE R, ALBOOYEH M, RAHIMZADEGAN A, et al. All-dielec tricreci procal bianiso tropicnan oparticles[J]. Phys Rev B, 2015, 92(24): 245130.

[235] ASADCHY V S, DíAZ-RUBIO A, TretyakovSA. Bianiso tropic metasur faces: physicsand applications[J]. Nanophotonics, 2018, 7(6): 1069-1094.

[236] NEWTON R G. Optical theorem and beyond[J]. Am J Phys, 1976, 44(7): 639-642.

[237] WANG C Y, ACHENBACH J. Three-dimensional time-harmonic elastodynamic green's functions for anisotropic solids[J]. Proc Math Phys EngSci, 1995, 449(1937): 441-458.

[238] SOUNAS D L, ALù A. Extinction symmetry for reciprocal objects and its implications on cloaking and scattering manipulation[J]. Opt Lett, 2014, 39(13): 4053-4056.

[239] ASADCHY V, MIRMOOSA M S, DíAZ-RUBIO A, et al. Tutorial on electromagnetic nonreciprocity and its origins[J]. arXiv: 2001.04848, 2020.

[240] ASADCHY V S, RA'DI Y, VEHMAS J, et al. Functional metamirrors using bianisotropic elements[J]. Phys Rev Lett, 2015, 114(9): 095503.

[241] RA'DI Y, SIMOVSKI C, TRETYAKOV S. Thin perfect absorbers for electromagnetic waves: theory, design, and realizations[J]. Phys Rev Appl, 2015, 3(3): 037001.

[242] RA'DI Y, SOUNAS D L, ALù A. Metagratings: beyond the limits of graded metasurfaces for wave front control[J]. Phys Rev Lett, 2017, 119(6): 067404.

[243] SLOBOZHANYUK A, MOUSAVI S H, NI X, et al. Three-dimensional all-dielectric photonic topological insulator[J]. Nat Photonics, 2017, 11(2): 130-136.

[244] CAO Z, ONG H. Study of the momentum-resolved plasmonic field energy of Bloch-like surface plas- mon polaritons from periodic nanohole array[J]. Opt Express, 2017, 25(24): 30626-30635.

[245] LEI D Y, LI J, FERNA NDEZ-DOMI NGUEZ A I, et al. Geometry dependence of surface plasmon polariton lifetimes in nanohole arrays[J]. ACSNano, 2010, 4(1): 432-438.

附　录

附录 A　一束光控制另一束光的衍射环的变化

由图 A-1 可知，第二束光束的存在会改变第一束光的空间分布。当一束激光入射 Rb 泡时，探测到的信号为高斯光束[图 A-1(g)]；当加入另一束光时，高斯光束由于 EIT 效应而呈现出衍射环，这个过程可以产生与功率有关的较大的相位变化，根据衍射环的数目能够准确地检测出该过程的非线性相移。

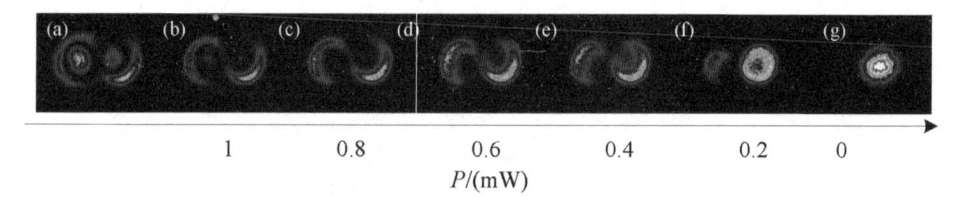

图 A-1　输出光斑保持一束光斑功率为 1.2 mW，将另一束光斑功率从 1.2 降低到 0 mW(a)-(g)该实验过程的结果

附录 B　铝纳米孔阵列的偏振依赖的结构色显示

图 B-1 为 P_x 等于 340 nm 和 400 nm 的反射光谱。当 $P_x=340$ nm，特别是对于 $n_a>1.39$，可见区域逐渐出现两种模式，直接影响呈现的颜色。蓝色区域的(1,0)模式和红色区域的(-1,0)模式混合产生显著的颜色变化。因此，对于 $n_a>1.39$，产生 FOM 值更高。当 $P_x=400$ nm 时，(-2,0)，(-

1，0)和(1，0)模式则使颜色更加复杂。

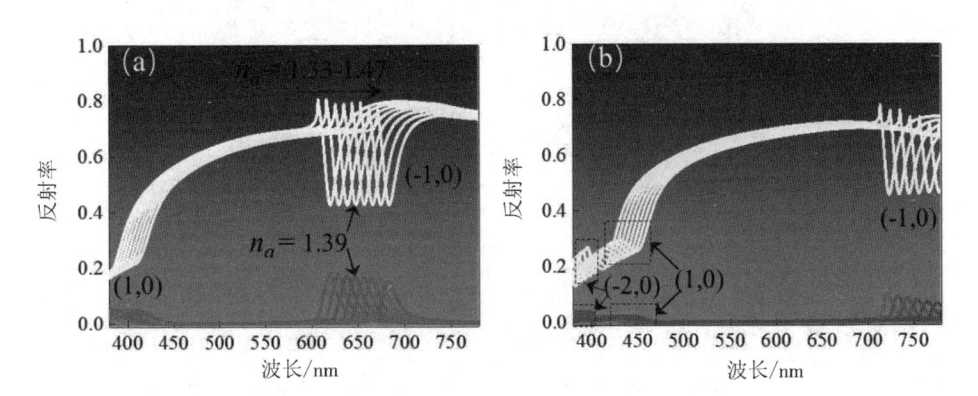

图 B-1 对于(a)$P_x = 340$ nm 和(b)$P_x = 400$ nm，
镜面反射率与当时环境介电常数的关系

这里，(a)中的短箭头指出 $n_a = 1.39$ 时计算的光谱。$P_y = 200$ nm，$\theta = 20°$

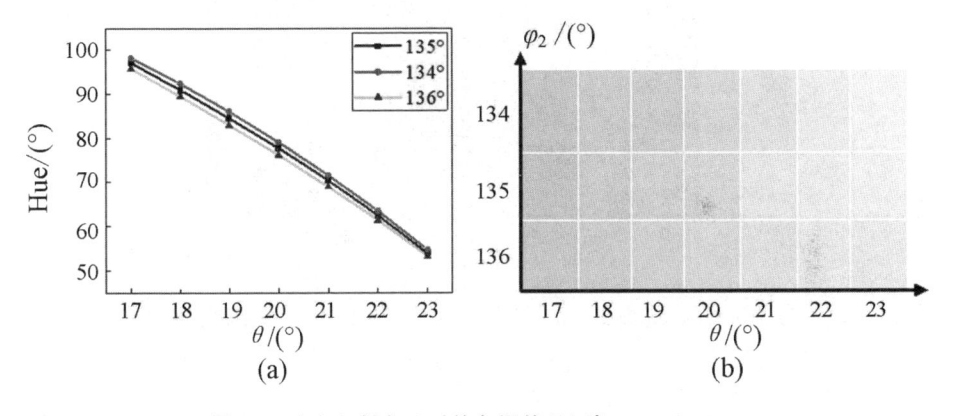

图 B-2 (a) 入射角 θ 时的色调值(b) 当 $n_a = 1.33$，
不同入射角 θ 时，用检偏器 φ_2 从 134°到 136°测得的颜色

在实际实验中，入射光的偏振态和角度通常有轻微的发散。基于光栅的表面等离子激元(SPPs)高度依赖于入射角。因此，通过稍微改变反射信号的偏振角和平面波的入射角来研究颜色的变化。不同的偏振角和入射角的微小变化对颜色影响，如图 B-2(b)所示。在不同颜色空间的颜色变化如图 B-3 所示。

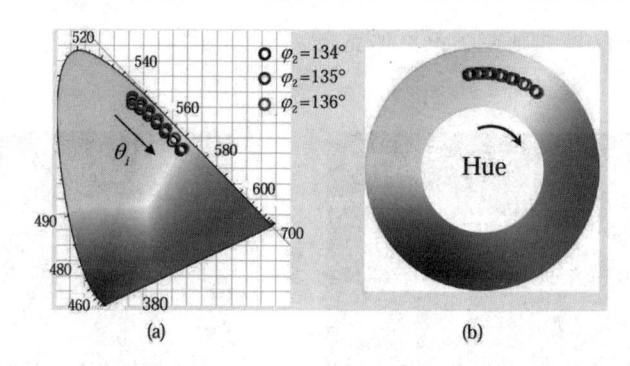

图 B-3　不同颜色空间(a)1931CIE 色度图和(b)LChab 颜色空间

入射角度 θ 从 17°到 23°间隔 1°。黑色、蓝色和
红色分别表示当检偏片 $\varphi_2 = 134°$、135°和 136°时所呈现的颜色

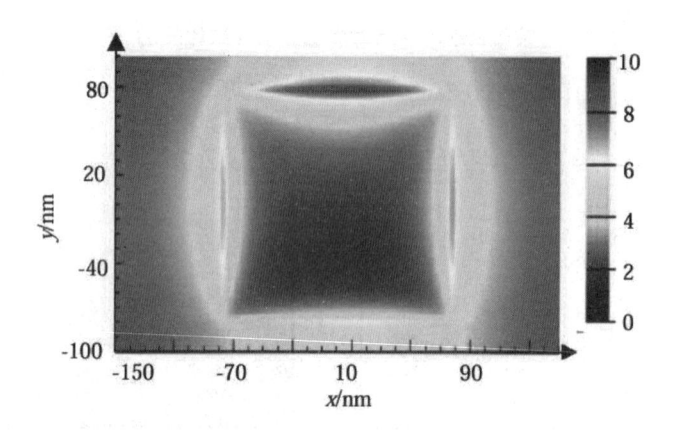

图 B-4　在 Al 表面 5 nm 的 x-y 平面上模拟了 $|E|$ 的场分布

这里，$\lambda = 555$ nm，$n_a = 1.33$，$P_x = 300$ nm 和 $\theta = 2°$

表面等离传感的物理机制基于表面等离共振对环境折射率 n_a 变化的光谱响应，其相位匹配方程为式(2-75)。折射率变化 Δn_a 会引起共振波长的频移 $\Delta\lambda$，它们的关系可以表达为 $\Delta\lambda = \lambda/(n_a'\Delta n_a'\text{VE})$，VE 为折射率变化区域内的电场能量的部分。相关文献[244]基于微扰理论对相关研究进行了讨论。周期性铝纳米孔结构产生表面等离激元的电场能量局域在洞口[244-245]。图 B-4 为 Al 表面的场分布。强场在小孔周围，因此发生共振波长偏移，当共振在可见范围时，自然会产生颜色变化[244]。

附录 C 非线性可调谐天线的参数

C.1 氧化铟锡的参数

表 C-1 ITO 在 1 240 nm 处的三阶、五阶、七阶极化率[207]

j	$\text{Re}(\chi)^j/(10^{-9}\ \text{m/V}^{j-1})$	$\text{IM}(\chi)^j/(10^{-9}\ \text{m/V}^{j-1})$
1	-0.980 ± 0.008	0.36 ± 0.01
3	1.60 ± 0.03	0.50 ± 0.05
5	-0.63 ± 0.02	-0.25 ± 0.04
7	$(7.7\pm0.3)\times10^{-2}$	$(3.5\pm0.8)\times10^{-2}$

C.2 ITO 的折射率分布图

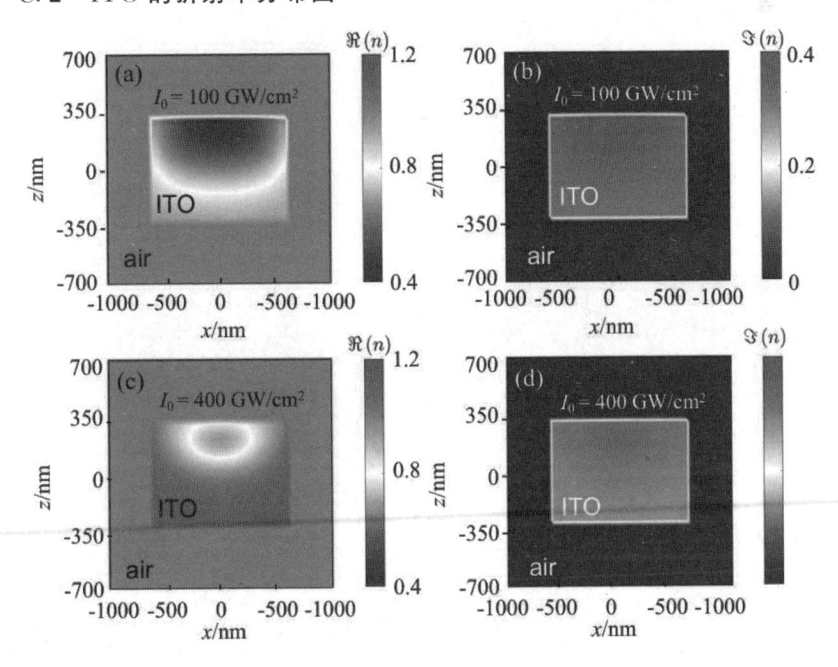

图 C-1

(a), (b) 当 $I_0=100\ \text{GW/cm}^2$ 时，xz 平面 ($y=0$) 的实部和虚部折射率分布图；

(c), (d) 分别是 $I_0=400\ \text{GW/cm}^2$ 的实部和虚部折射率分布图；

ITO 天线的尺寸是 $D=2H=1\ 200\ \text{nm}$